造宅记

建筑师的理想家

邵梦实　编著

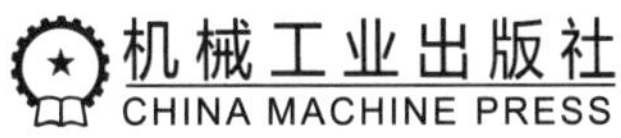
机械工业出版社
CHINA MACHINE PRESS

人人都想拥有更加舒适的居住环境，都对家寄予厚望，也希望建筑设计师能像变魔法一样把自己的家变成第一眼就惊艳的完美居住空间。本书汇集了16个真实的国内建筑师自宅案例，包括小平方米也要好好住、老房换新颜、建筑师的设计试验田、自在栖居四个部分，重点介绍建筑师自宅的空间设计、细部设计、装饰亮点，有平面图、轴测图、实景照片等帮助清楚认识房间的结构，同时融入了故事、设计理念、生活态度，是一本有人文色彩的家居设计图书。

图书在版编目（CIP）数据

造宅记：建筑师的理想家/邵梦实编著. —北京：机械工业出版社，2018.3（2018.10重印）
（恋家小书）
ISBN 978-7-111-58424-7

Ⅰ. ①造… Ⅱ. ①邵… Ⅲ. ①住宅—室内装饰设计 Ⅳ. ①TU241

中国版本图书馆CIP数据核字（2017）第310711号

机械工业出版社（北京市百万庄大街22号 邮政编码100037）
策划编辑：时 颂 责任编辑：时 颂
责任校对：孙丽萍 责任印制：常天培

北京联兴盛业印刷股份有限公司印刷
2018年10月第1版第2次印刷
184mm × 260mm · 13.5印张 · 160千字
标准书号：ISBN 978-7-111-58424-7
定价：79.00元

凡购本书，如有缺页、倒页、脱页，由本社发行部调换

电话服务	网络服务
服务咨询热线：（010）88361066	机 工 官 网：www.cmpbook.com
读者购书热线：（010）68326294	机 工 官 博：weibo.com/cmp1952
（010）88379203	金 书 网：www.golden-book.com
封面无防伪标均为盗版	教育服务网：www.cmpedu.com

献给苏晋

序

有一天在书店闲逛，看见《明天也是小春日和》这本书，一下子就被书中所描绘的生活吸引住了。津端修一先生和津端英子女士生活在乡间一幢原木小屋里，屋子大约为 72 平方米，没有玄关，整幢房子就只有一个房间。这间一居室由当过建筑师的修一先生亲手建造，仿照了他尊敬的建筑师安东尼•雷蒙德的自宅设计。屋子里顶棚很高，有坡度的横梁把屋顶缓缓撑起，优雅而稳固。

屋内也不像我们平常的做法，把客厅、卧室、厨房等不同功能的空间用墙隔开，而是一眼就能看出家中所有家具物品的布局。这种一体化的布置方式完全是因为主人修一觉得没有必要隔开。家中最显眼的物品是他们夫妇从荷兰购入的宽大的长条桌子。因为两位老人的生活都围绕一日三餐展开，这张桌子自然成了家里的大明星。

比小木屋更大的天地其实在屋外，一片 600 多平方米的田地被修一先生仔细地分割成 20 多个小块，按季节分别种上不同的谷物、蔬菜、果树和香料。收获的作物就是三餐来源，收获的水果被英子女士做成了诱人的下午茶点，再配上从各地收藏来的精致餐具，家里时时都能在美好的氛围中享用新鲜美味的食物。

也许你要说津端一家的田园生活得益于修一先生建筑学的背景，动手能力强，能够自己盖房铺砖，实现理想中的生活图景。但其实除了把房子搭起来，生活中的难题并不会更少，把日子过得井井有条、有声有色需要主人的生活智慧。经营生活的能力比如猜扫、收纳、烹饪才是核心，而设计的能力可能只会锦上添花。

既然每个人的住宅如此不同，建筑师的生活智慧也许并不比其他人更高明，我们为什么还要收集这么多建筑师自宅呢？坦白地讲，三开间做建筑师自宅专辑的起因是出于我的好奇，我想知道他们带着甲方的要求设计了成百上千个项目之后，如何卸下重担坦诚地面对只属于自己和家人的空间。我们把建筑师当作设计的权威，我当然也很期待能在他们的自宅中看到对住宅最理性、最合理的规划和设计。

不得不说，建筑师自宅确实很吸引人。被刷屏的北欧风、极简风和田园风其实只是万千家居风格中的一种。每个宅子呈现出的状态很真实地反映了主人的价值观和个性。比如你之后会看到，同样面对小平方米的空间，有的建筑师会玩出“变形金刚”，让家尽可能地满足各种生活需求，借助时间差争取更大的使用面积；有的建筑师则会安然地享受小空间的玲珑美。有的建筑师把老旧的公寓楼做得现代感十足，有的则透着古色古香。

仔细看每个作品，设计师的小心思其实都藏在细节之间，比如蕴藏很多童年记忆的旧物稍作改动就成了新家的心头好，既保留了旧时的回忆，又能在功能上起到一定作用。津端家也是如此，建筑师安东尼送给他们夫妇的结婚礼物——一对椅子，用了几十年，修修补补，添添减减，英子还为它们缝制了不同材质的椅套，让这对珍贵的家具在夏季凉爽，冬季温暖。

日本建筑师中村好文曾经走访过很多建筑师的家，去与他们交谈，体验他们的住处，甚至在主人家中享用一次晚餐，汇编成了《走进建筑师的家》。我没有来得及这样做，后文里的案例我一处也没有“走进”过，这无疑是一种遗憾，不过也留下了更多想象的空间。我想日后有机会我会去一一拜访，去感受建筑师们最真诚的作品。

最后要说一句，住宅本身带有很强的私密性，所以我非常感谢每一位愿意来分享个人住宅的设计师。

邵梦实

2017 年 10 月 20 日

CONTENTS

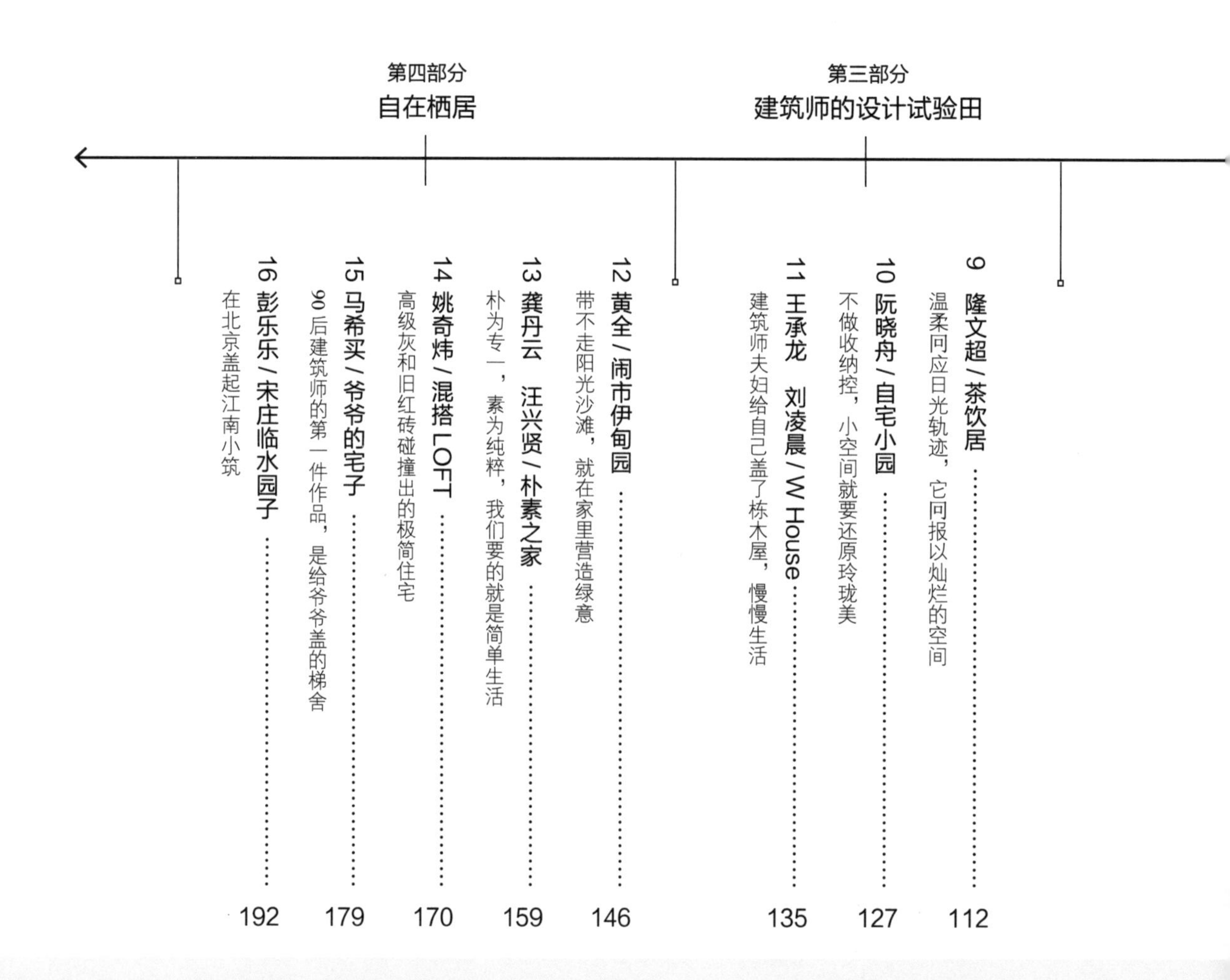

第三部分
建筑师的设计试验田

9 隆文超 / 茶饮居 …… 112
温柔同应日光轨迹，它同报以灿烂的空间

10 阮晓舟 / 自宅小园 …… 127
不做收纳控，小空间就要还原玲珑美

11 王承龙 刘凌晨 / W House …… 135
建筑师夫妇给自己盖了栋木屋，慢慢生活

第四部分
自在栖居

12 黄全 / 闹市伊甸园 …… 146
带不走阳光沙滩，就在家里营造绿意

13 龚丹云 汪兴贤 / 朴素之家 …… 159
朴为专一，素为纯粹，我们要的就是简单生活

14 姚奇炜 / 混搭 LOFT …… 170
高级灰和旧红砖碰撞出的极简住宅

15 马希买 / 爷爷的宅子 …… 179
90 后建筑师的第一件作品，是给爷爷盖的梯舍

16 彭乐乐 / 宋庄临水园子 …… 192
在北京盖起江南小筑

目 录

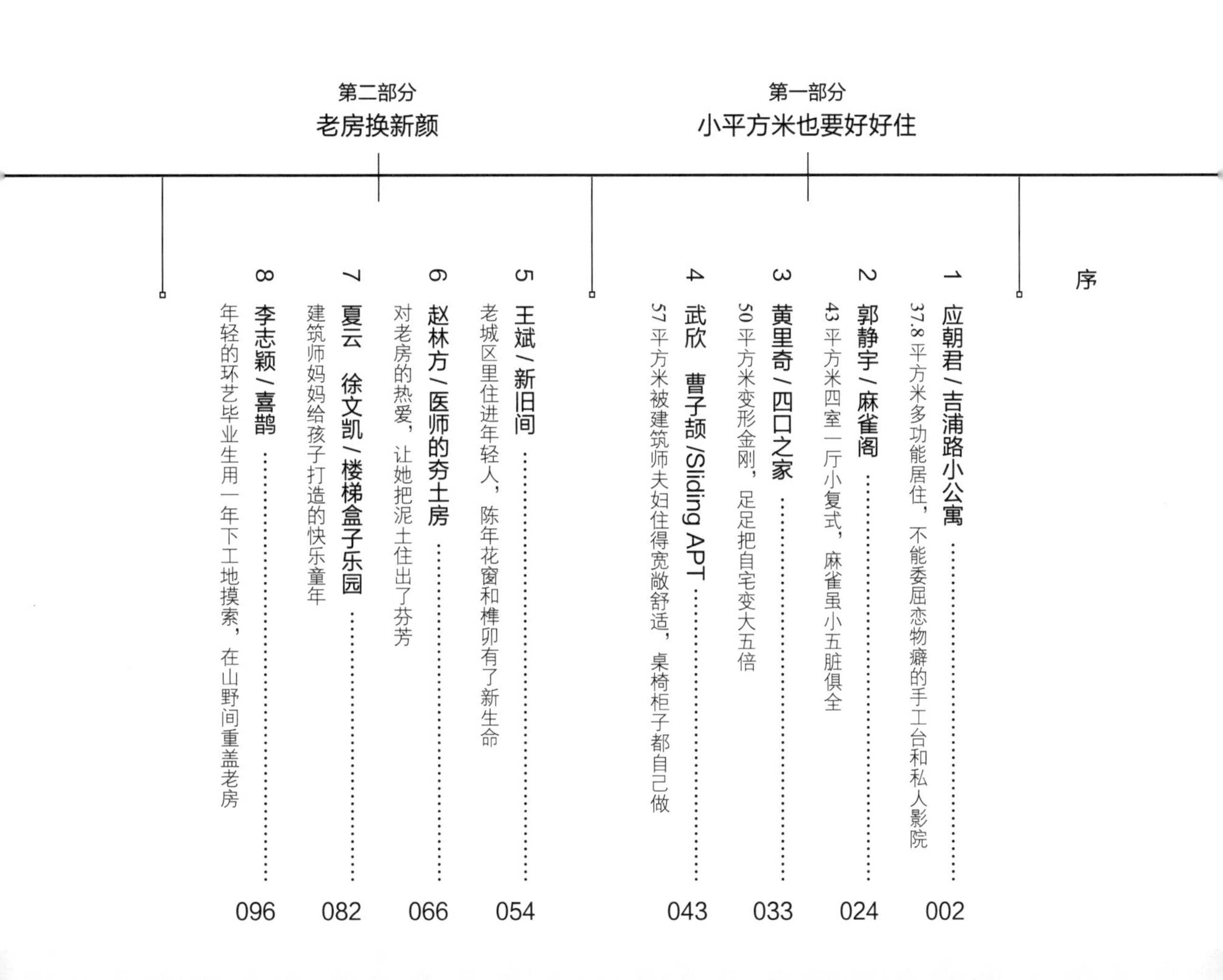

序

第一部分
小平方米也要好好住

1 应朝君 / 吉浦路小公寓 …… 002
37.8平方米多功能居住，不能委屈恋物癖的手工台和私人影院

2 郭静宇 / 麻雀阁 …… 024
43平方米四室一厅小复式，麻雀虽小五脏俱全

3 黄里奇 / 四口之家 …… 033
50平方米变形金刚，足足把自宅变大五倍

4 武欣 曹子颉 /Sliding APT …… 043
57平方米被建筑师夫妇住得宽敞舒适，桌椅柜子都自己做

第二部分
老房换新颜

5 王斌 / 新旧间 …… 054
老城区里住进年轻人，陈年花窗和榫卯有了新生命

6 赵林方 / 医师的夯土房 …… 066
对老房的热爱，让她把泥土住出了芬芳

7 夏云 徐文凯 / 楼梯盒子乐园 …… 082
建筑师妈妈给孩子打造的快乐童年

8 李志颖 / 喜鹊 …… 096
年轻的环艺毕业生用一年下工地摸索，在山野间重盖老房

ROUT
NATURAL WONDE

第一部分

小平方米也要好好住

[应朝君]

吉浦路小公寓

1

地址　上海市杨浦区吉浦路
面积　37.8 平方米
规模　平层公寓
家庭成员　单人公寓
总花销　10 万元

在大城市蜗居是一种无奈，但怎样生活是一种选择。

生活在寸土寸金的大都市，蜗居是很多年轻人初入职场面对生活的必然选择。他们搬进高楼，成为万家灯火中小小的一点亮光。在很多人眼里小户型没有必要花心思装修，于是生活就这样被“简陋”地度过了。

应朝君曾经说过一段话让人印象深刻：“你在一个很破的房子里哪怕只住一年两年的时间，这一年两年也是你生命中不会重来无法复制的一两年。人生其实不长，没有哪一年甚至哪一天是该被忽略和简陋对待的。所谓好的生活不是等到有自己的大房子才会开始，它每一天都在开始；不是过得奢华而是要认真地、力所能及地追求自己想要的。热爱生活，享受生活，努力去创造才可能拥有更好的生活。”

“居家的幸福，是一切雄心壮志的最终归宿，人们的所有进取精神和辛勤劳动，都是为了达到这一目的。”

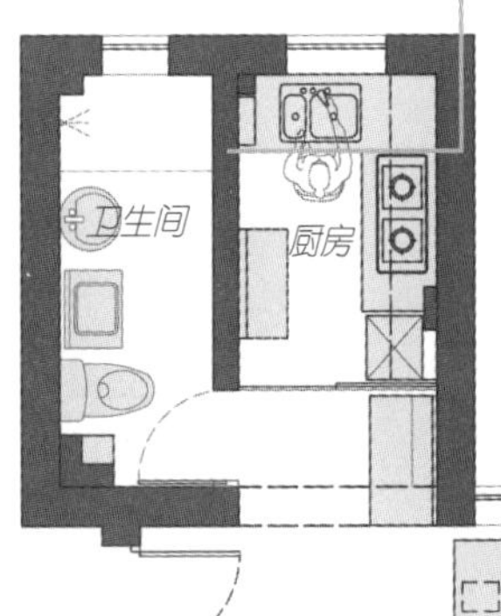

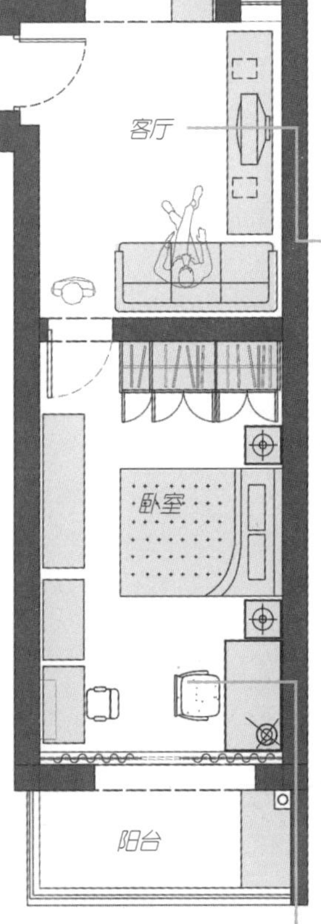

原始室内布置图

应朝君的房子在6层，采光较好，但是客厅比较暗，从平面图上看，房间呈长条形，客厅只有一个竖窗，卧室摆一张床之后过人的空间变得很局促。

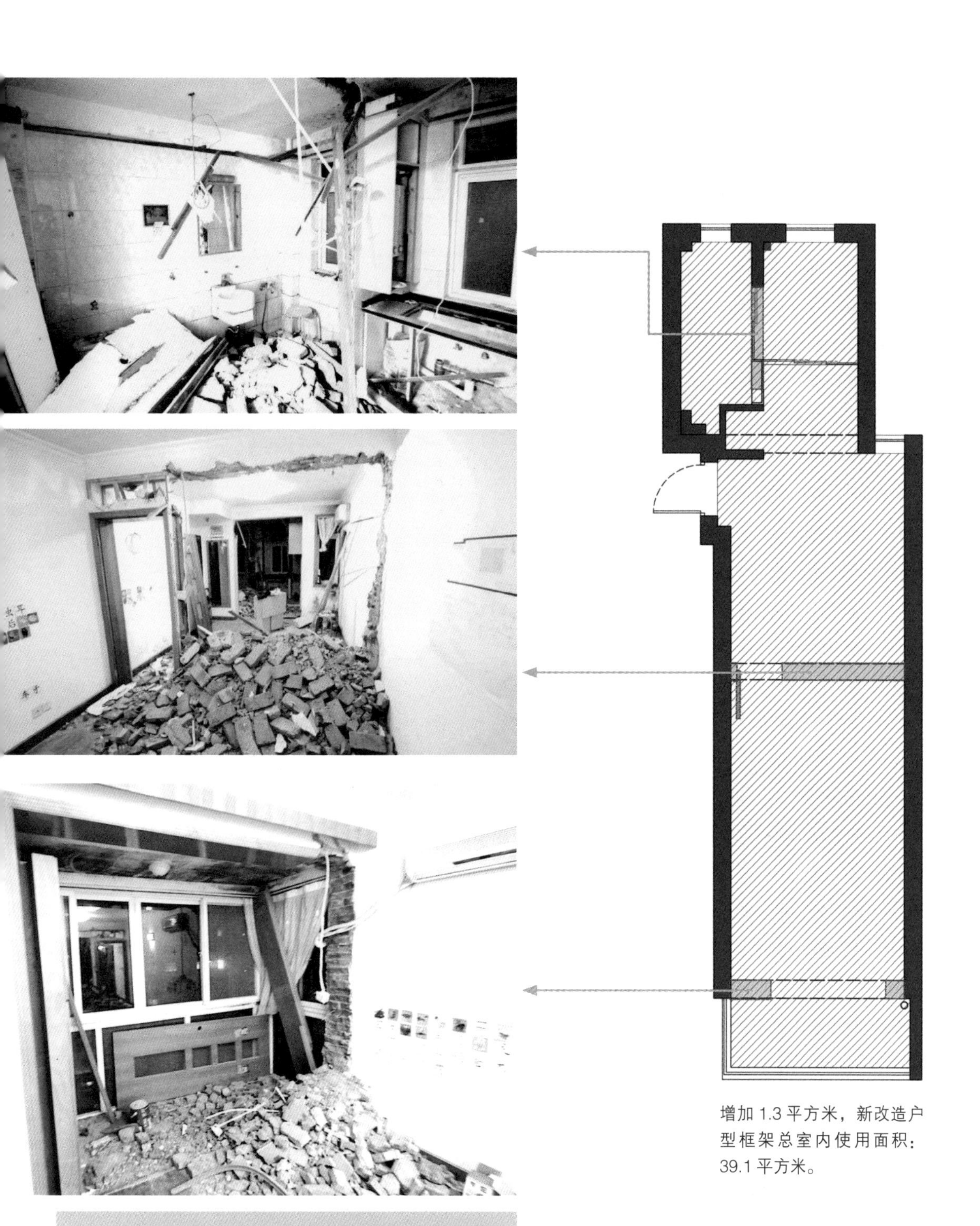

增加 1.3 平方米，新改造户型框架总室内使用面积：39.1 平方米。

在寸土寸金的上海，一平方米意味着几万元的价值，对于应朝君而言，尽可能多的设计储藏空间是非常重要的。环顾这狭长的长屋一样的户型，将房间打通，形成开放空间，摈弃一切不需要的隔墙，先让整个空间呈现最原本的状态是首要的想法。只设置功能需要的储物墙，使得空间利用最大化。

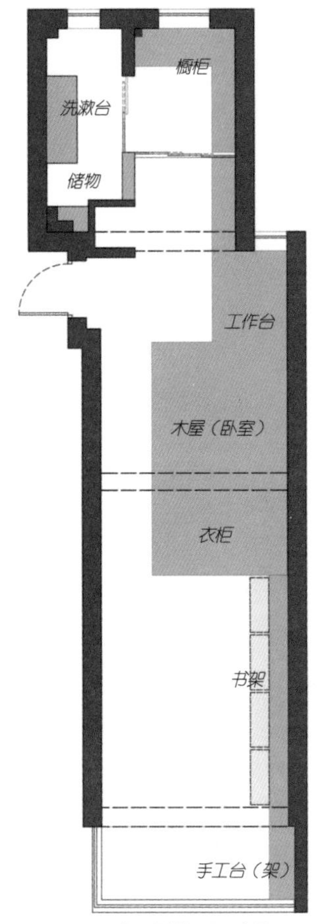

家具设计平面示意图

在为新居做了整体规划之后，应朝君自行设计并定制了整套的木制家具，不浪费每一寸空间，打造了属于自己的小木屋。

应朝君来自浙江舟山，生于1984年，现工作于AS·Architecture-studio（法国AS建筑工作室）上海和巴黎办公室。2012年巴黎工作结束后，有感于六年里换租了五套公寓的辗转和烦恼，便在上海市杨浦区买了一套小小的房子，建筑面积50.7平方米，使用面积只有37.8平方米。

“作为一名建筑师，自己的房子不可能不好好‘作’一下。”于是近半年的时间应朝君细心打造了这个小小的窝。“我想用自己对设计的理解，对生活的理解，将自己的生活改造经验和理念与大家分享——装修不用很贵，却可以极大改善生活品质，关键是了解自己想要的，并设计自己的生活方式，这是装修本质的意义。”

应朝君的小窝引发了众多年轻人的关注，在小户型和宅文化日益流行的今天，越来越多的年轻人期望像应朝君一样让自己的家变得非常有设计感而又能合理利用。

在拥有了属于自己的空间之后，应朝君就开始思考怎么样可以让这个不算大的空间变得更加有趣。作为建筑师他更加希望能够从空间整理入手，赋予常规空间不一样的定义，并把很多童趣的东西放进自己的家里，把要表达的情感放在这里面。

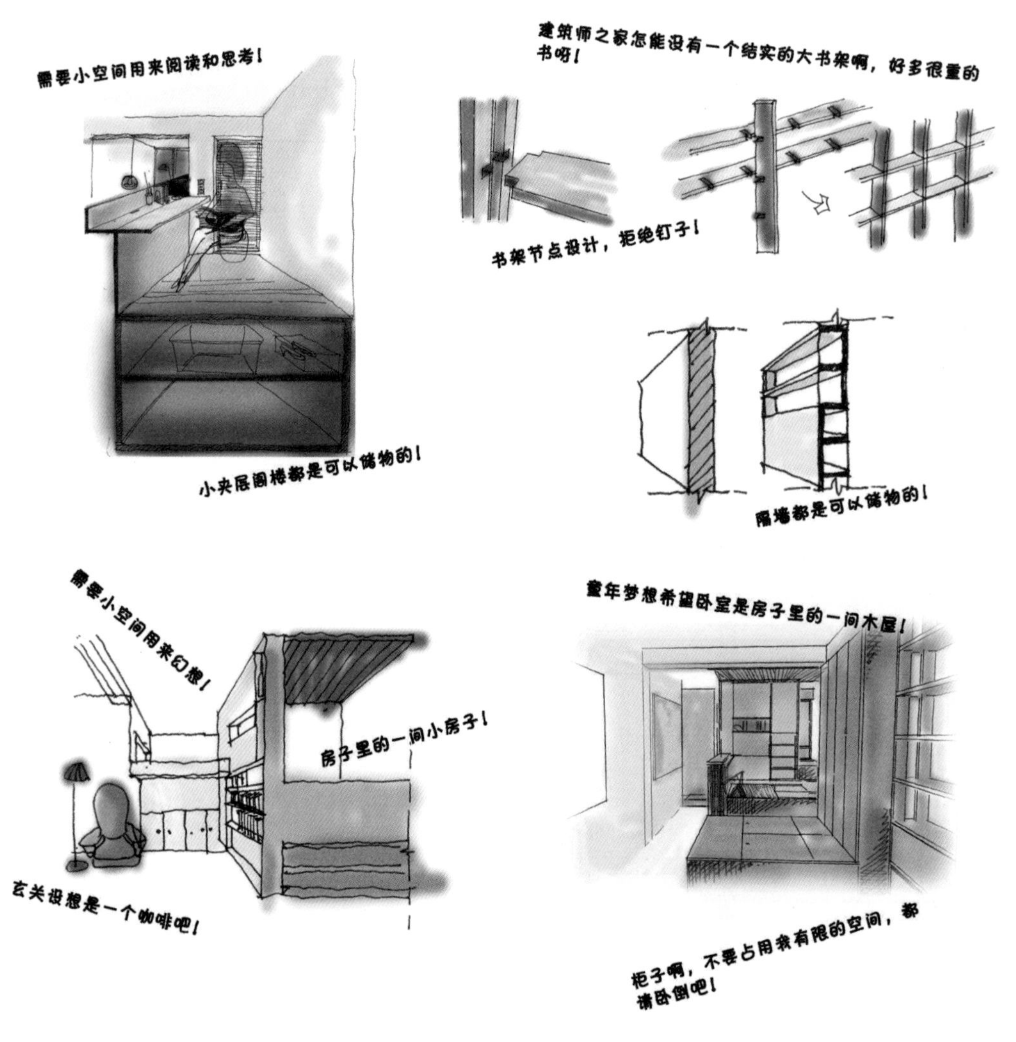

空间畅想——设计的童真

他说：“我想在家里做一个像游乐场一样有趣的空间，自己会做一些实验性的空间尝试，也给来玩的朋友们提供一个有趣的环境。”

走进应朝君的家，进门玄关旁先看到的是一个小木屋空间作为卧室区，穿过展示墙继续向里走才是客厅。这种设计打破了我们对“一室一厅”——“客厅靠门，卧室朝阳”的印象。他说：“就个人的体会而言，人们大部分居家活动的时间是待在客厅的，休息会在客厅，聊天会在客厅，朋友来也是在客厅。只

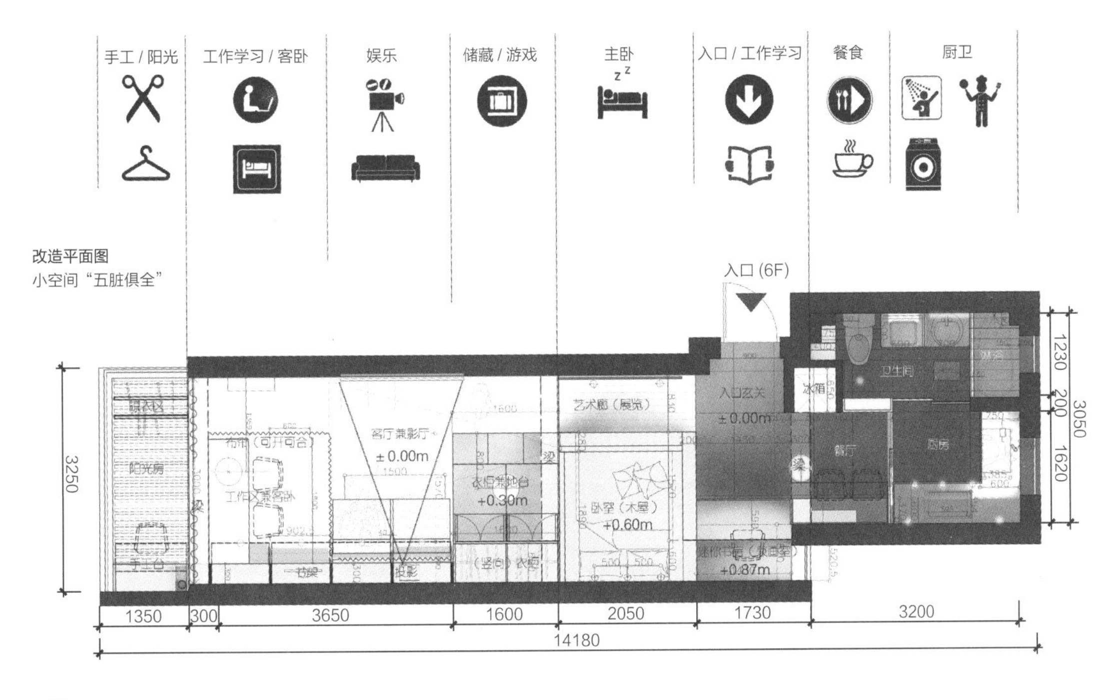

手工 / 阳光
工作学习 / 客卧
娱乐
储藏 / 游戏
主卧
入口 / 工作学习
餐食
厨卫
改造平面图
小空间“五脏俱全”
入口 (6F)
阳光房
工作区兼客卧
客厅兼影厅
±0.00m
衣柜兼地台
+0.30m
艺术廊（展览）
卧室（木屋）
+0.60m
入口玄关
±0.00m
迷你书房（兼画室）
+0.87m
冰箱
卫生间
餐厅
厨房
1230
200
1620
3050
3250
1350
300
3650
1600
2050
1730
3200
14180

剖面图
设计要点
A B
+0.87m
+0.60m
+0.30m
±0.00m
厨房
（设计定制橱柜）
餐厅兼玄关
（储蓄区）
卧室（木屋）
（底层储藏区）
地台兼衣柜
（储藏区）
客厅兼投影
（书架）
工作区兼客卧
（书架）
手工台
三折滑门
（收合时增加厨房与餐厅的互动）
木架
木滑门或布帘
布帘
（软性隔断）
A–A 剖面图
COLLINE
NOTRE-DAME
DU HAUT
+0.30m
±0.00m
+0.60m
+0.87m
阳光房
（木格栅吊顶）
工艺品展示墙
（水泥墙面）
白色投影墙
（水泥墙面）
蓝色艺术墙
（水泥墙面）
迷你书房
（底层储物）
餐厅配套
（食物及冰箱）
卫生间
（定制黑白滑门）
布帘
（软性隔断）
木架
三折滑门
（收合时增加厨房与餐厅的互动）
B–B 剖面图
A B

有在睡眠时才会在卧室，那么我就问自己：卧室真的需要那么充足的阳光吗？当我只有一个长长的空间，一个向阳面的时候，我希望在唯一的一个南向明亮的空间里聊天、画画、阅读、写字、工作、思考、玩手工、侍弄花花草草，卧室只要一点光就可以了。于是我把我的卧室和客厅对调了位置。”

为了让身负多项职能的客厅既能担当重任也更好玩更有意思，应朝君在顶棚上设计了一个 Z 字形滑轨，有了这个贯穿客厅的轨道就可以分割出很多有趣的小区域。顺着轨道全部拉起来可以形成一个客卧，供访客休息。平时不用时，把帘子全部收到书架前则可以遮挡灰尘。

通过帘子的划分，原来单一的客厅形成了起居、书房、影厅、客卧等多功能区域。朋友们可以在这里喝茶，聊天，打牌，看电影。应朝君很骄傲地说：“朋友多时，书架下暗藏的储藏箱可以随时变身小马扎，10 个客人一起来也不在话下，小马扎电影院随时开放。”

改造后的木屋卧室。

原来单一的客厅现在不仅可以成为多功能的娱乐室，还能变出一间客卧供访客休息。

1 | 2
3

小木屋通过滑轨和帘子可以被划分为不同功能，周末有朋友一起来看一场电影也不觉得挤。

显然作为建筑师的他更加懂得如何把控空间节奏，懂得在合理的尺度下尽可能完善实施自己的所有设计理念。而理念还是要通过技术去实现，所谓技术就包括指导工匠的图纸、所选用的材料，尺寸的计算等，这是和专业知识紧密相连的。但是应朝君补充道：“不管涉及多少的技术或者专业知识，即使你不懂具体如何去实现它，但首先你要有一个对自己的生活方式很清晰的构想，技术和工程手段都是为这个构想而服务的，也总归是有办法实现的”。

设计之初，考虑到自己是一个有恋物癖的设计师，独立生活以来实在是积累了很多把玩物件和生活用品，于是收纳成为设计功能的重点。储物空间如果不足，小户型的房间就永远无法整洁，在保证空间舒适的情况下，如何增加储物空间是合理利用空间的关键。在应朝君家里，原本的客厅通过高差形成了三个功能区：客厅、卧室和小书房，同时也形成了阶梯式的三段式地面储物空间。没有特地买床，而是将床设计成加高的地台，里面就可以存放一些高大的旅行箱和各种不常用的大物品。

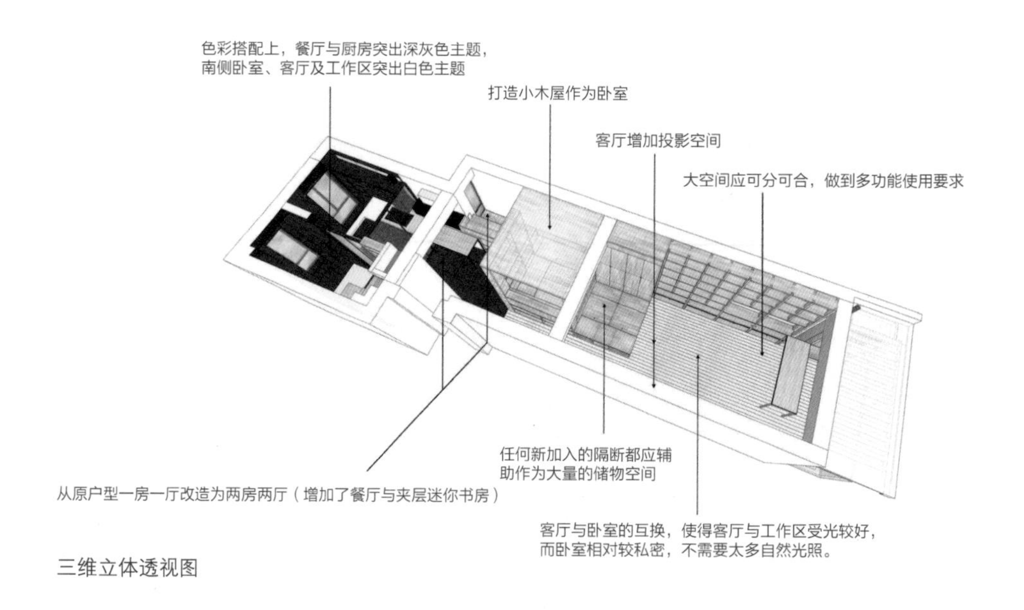

三维立体透视图

建筑师喜欢对大空间进行规划，也喜欢对小细节加以研究。房间中的每个小细节都不放过。

木屋空间的对面，一面展墙设计是为了生命中另外一个重要的主题——旅行。

这些来自朋友或是自己的世界各地的明信片，海报，图纸，照片等太需要这样一片展示墙。在应朝君从前租住的公寓里，没有足够的空间去展示这些旅行收获，经常是把明信片放在包装纸内，最后自己也忘记丢在哪里了。因此有了这面 2m × 1.2m 的镀锌钢板展示墙，可以将所有的明信片及海报通过强力吸铁石粘贴在钢板上，还可以根据自己的喜好自由构图，层层叠叠，可以回味旅途中遇见的美好，更清晰地触摸生活的记忆。

在生活中即使是最亲密的家人，每个人都依然是独立的个体，需要有独立思考的空间，即使在小户型的房子里也不想放弃这样的追求。于是在小木屋的角落里，再次加高的地台也就是玄关储物

玄关处的迷你书房是这个小空间中的一个惊喜，让主人在家中有独立思考的场所。

1 | 2

小木屋的对面是一面展墙，上面有旅行的记忆、朋友的馈赠，还有主人喜爱的图纸和海报。

柜的上面，成了一个夹层作为迷你书房。这个好玩又很私密的空间可以成为另一个工作区。挂上“Don’t bother me”的旗帜，可以在这里充分享受思考的自由。

应朝君说：“麻雀虽小五脏俱全的家，虽然不大，却可以放松身体与心智，既安顿了身体又自由了头脑。”

有人说看一个建筑空间的精致与否要看它的楼梯布置，而看一个住宅的舒适与否就应该看主人对卫生间的布置。传统意义上可能感觉卫生间就是一个不可缺少却又不太重要的地方，只为解决人的生理需求。这里常常是潮湿的，又有恼人的味道，总之不愿意久留。但是应朝君觉得卫生间同样可以很艺术，他说：“卫生间是家居的 Spa 空间。”

在卫生间点一根熏香，挂一副小画，摆一盆植物，甚至还可以造出一个小小的枯山水景致。“为遮挡马桶旁边的落水管道，也为利用角落空间，大家的常规做法都是做储藏柜。然而我做的柜子并没有落地，而是特地留了一小截空间，使其悬空，在下面做了一个小景观，用白色石子造景，摆上厦门的石敢当，泰国的莲花蜡烛，再点一盏小灯。蹲马桶也就变成了可以欣赏小景的愉悦时刻。”

原本的狭长卫生间被切掉一块让出了冰箱位，为了视觉的延伸效果，应朝君做了一整面全身镜拓展空间的纵深感，此外他选择了黑灰色墙地砖作为这里的主色调，在黑色背景的衬托下，亮色的细节显得活泼亮眼。这样的色彩配比是为了给人稳重大气的效果又不觉得空间狭小，再多缤纷的色彩都在深色的背景下不显得俗气轻飘。

在这里洗澡也可以变好玩。“我在墙里面做了一个小卡槽，把 iPad 放在里面，可以一边洗澡一边看电影，也可以听音乐听广播，非常开心。每个人其实都会设计，设计并不是高深的学问，只是善于发现好玩的地方，愿意多想想常规生活方式之外的不同选择，想办法取悦自己，让生活更方便简单而灵活多变。

一进门首先看到的是迷你书房，左手边是卫生间和厨房。

应朝君喜爱画画和手工，积攒了很多零散的小工具，他在阳光房设计了一个“手工台”，手工台上的方格网方便地解决了这个收纳难题。

想办法实现的过程就是技术诞生的过程，归根到底，设计是在寻找欢乐。”

应朝君不喜欢以前传统且老旧的厨房设计，“感觉很没有情调，我根本不想待在里面。现在的厨房我做了半开放式的处理。通过定制三折门的方式将厨房与餐厅空间连通，合二为一，这样使得餐厨空间显得很大。这个干净又开放，文艺不油腻的厨房我自己很喜欢。”

“现在我很喜欢待在厨房里烧菜，插一束花在角落，菜谱和好看的图片可以

1 | 2
3

半开放的厨房将备餐和餐厅台合二为一，文艺不油腻的厨房让应朝君爱上了烹饪。

固定在厨房的铁板展示墙上。打开餐厅的首响，边烧饭边听音乐，我也会边烧饭边看电影。我很享受这种状态，同时做两件事情，填饱了肚子也是放松和享乐的时间。我希望这也可以改变人们固有的对于做饭和油腻的中餐厨房的认知。”

同时，餐厅与卧室隔断的墙是一面书和工艺品的展示柜。在正中却开了一个狭长的窗口，光线的渗透，隔而不断的感觉放大了空间；同时在客厅或是卧室休息的家人，透过窗口可以感觉在厨房烧饭的家人，彼此保持亲密的联系。

“以前我不太会做饭，现在基本上我可以一个人做饭接待8个朋友，这是设计改变了家居空间也改变了我的生活状态。”

应朝君 / 环同济青年建筑师，上海设计中心、上海图书馆联合推广青年建筑师，三明治故事公园分享主角，青年志特邀嘉宾。现任法国AS建筑工作室中国区联合负责人，设计总监。（本文原载于三明治）

应朝君改造和装修总共花了 10 万元，他是怎么做到的？

应朝君的改造和装修总花销一共只有 10 万元，包括重新布局和自己设计的组合家具，他在节省经费上有什么心得呢？

答：首先，我事先在计算机中进行了空间模拟，完整的模型就建了 3 次。我的图纸很细，排除了很多原本在现场才能发现的施工交接问题，师傅们完全可以按照我预想的设计进行施工。我也会经常和师傅们交流空间怎么做，这样他们不会做很多无用功而浪费时间。

第二个是我租住在同一个小区，每天去工地了解施工情况。基本保证有问题工人可以和我沟通。

第三就是对材料的选择，如何才能物美价廉，这都需要自己不断地对比和选择。因为通过设计，我很清楚地知道我家装修需要用到的材料和款式，主要以木头和深色瓷砖为主，所以有了明确的目标去建材市场，减少很多不必要的支出和时间成本。然后我跑了上海很多大的建材市场淘货，货比三家。

当然在健康和品质上我不会含糊。比如我选的木头是最高环保级别——E0 级的；家里的木头表面保护用的是新型材料——木蜡油。考虑到环保和对木材材料本身特性的表达，最终我选用了木蜡油作为木材完成效果的呈现，既环保又素雅。此外，摈弃了其他一切无用的装饰，体现空间本身。

最后一个节省成本的原因是尽量保留可以再使用的东西，包括房东的空调和从前购置的旧家具。很少看电视的我索性摆了个非常古着的老式熊猫彩电在地上，倒也别有一番复古的风味。

[郭静宇]

麻雀阁

地址	上海市杨浦区五角场街道
面积	43 平方米
规模	四室一厅小复式
家庭成员	建筑师和爱人，女儿小 TIBO，TIBO 外婆
总花销	23 万元

郭静宇的家改造前是个只有 43 平方米的二手房，改造后变成了各种功能一应俱全的四室一厅小复式。

郭静宇家的平面图纸。

自宅是建筑师为数不多的一次自己设计、自己使用、自己出钱，有时还要自己动手干活的项目。上海高昂的房价让独自打拼的年轻人对大户型望尘莫及，对于购入的这间 43 平方米的麻雀阁，建筑师郭静宇自己觉得既是对于城市稀缺的居住空间的一种应对尝试，又真真切切是设计了自己的生活。

面积小并不意味着要降低生活品质。在有限的面积里，郭静宇要用设计为家人和自己创造好的生活环境——有额外的卧室可以让外地的父母过来常住；有自己的工作室可以熬夜画图；有放乱七八糟东西的独立储藏室；有一应俱全的厨房；有带浴缸的卫生间；有能招待亲朋好友们的大客厅……改造的重点很直接，就是想办法让面积变大、房间变多。

当郭静宇第一次看到这个房子的时候，虽然又破又乱，但是4.5米的层高让他感到自己的机会来了，高度可以合理地转化为使用面积，也就是对于阁楼空间的利用。

颜色是视觉的第一要素，家里面会有成百样的东西，所以需要一个整体的色彩系统来控制。“我在这次装修有几种主要的用色，首先是木色和不锈钢的金属色，一般家里很少用金属色，习惯性地认为不够温馨，我倒觉得钢和木是最好的配搭，木桌板配钢桌腿，一个冷一个暖，一个光亮一个柔和，一个硬朗一个亲切。”郭静宇说。

其次是大面的黑白灰，这些基础色不容易出错。灰色的瓷砖、沙发、窗帘，白色的墙面、洁具，黑色的家电。红色的使用是设计师个人的喜好，在一些局部的地方可以起到点缀的作用。

设计师眼里家中地位最高的空间要数厨房了，郭静宇把厨房定位成客厅的服务台。“这里不只是妈妈烧菜做饭的地方，也许还是酒吧，也许还是咖啡台，也许还是西点屋，深夜加班回来我也要来这里给自己做些吃的。”

厨房按照实际使用的顺序来设计，采取流水线式的一字形布置，从水槽案板到烟灶冰箱依次展开，从摘洗剁切到烧煮烹炸，一溜儿摆在眼前的是个全景式的舌尖上的厨房。

厨房是服务台，客厅就是“家里的圣马可广场”，其他房间都与客厅直接连接，将客餐厨合并，可以把浪费的餐厨面积算到客厅中来。最多的时候家里同时能容纳将近20人一起聚餐，对于小房子来说这样超强的接待能力让人惊喜。书房设置于客厅上方的夹层，一上一下既分隔又连通。

设计之初，郭静宇就对家中未来的材料、色彩和灯光做了大方向上的判断。

厨房对于郭静宇来说是客厅的服务台，除了烧菜做饭，用餐的区域就在推拉门外，加班之后在这里享用夜宵是熬夜最大的慰藉。

1 / 客厅与用餐、烹饪空间的合并可以让小空间容纳更多客人一起用餐。
2 / 工作间在客厅上方的夹层，一整面墙的书柜是建筑师的必备家具之一。

对小空间来说，收纳是否恰当决定了实际居住后家中是否能整洁有序。储藏空间并非藏污纳垢，衣物、食品、工具、书籍等所有一切各就其位，大大方方地放在柜子内架子中的搁板上、盒子里，在方便拿用的同时，也可以作为一种最有生活味道的装饰。完全无序的陈列其实也是另一种意义上的美学。

郭静宇看来，装修并不是接个水电、刷个白墙、铺个地板、包个门套那么简单，大到平面布局小到瓶瓶罐罐，家里所有的东西都属于设计的范畴。住进去后，接触最多的其实是沙发、床、桌椅这些家具。一方面家具设计其实是整个设计美学体系中很重要的一块儿，一方面也给作为建筑师的主人提供了一次跨界玩票儿的机会。

“沙发、床、桌椅、茶几都是我自己设计再找厂家定做的，一方面房间面积小，我设计的家具样式尽量简单边沿儿尽量细窄，在不牺牲使用舒适性的前提下可以最大限度地节省空间，而且比那些都是线脚包边圆角装饰的名牌家具还便宜。

“另一方面，设计的家具采用模块化和多功能的原则，可以移动、组合和折叠。沙发可以拼成一个大床，椅子可以移动，拼在一起能当茶几也能当电视柜，餐桌可以折叠以满足不同用餐人数的需要。家具是和人身体接触最近的设计产

1 | 3
--+--
2 | 4

1 / 收纳是小空间能否在日后居住中保持整洁有序与否的关键所在。

2 / 郭静宇能自己做的家具都量身定做，不浪费边角空间，同时家具的边缘也尽量选择细窄的处理，在不牺牲舒适性的前提下尽量节约家具装饰占用的空间。

3 / 卧室及隐藏在墙面里的衣柜。

4 / 郭静宇跨界“玩票”家具设计，重点就是最大限度地节约空间，以可拼装组合为前提，通过家具组合的变化以适应不同生活场景的需要。

家具图纸

品，很多大师也在自己的建筑里设计家具，比如密斯，我这‘玩票’就算向大师致敬吧。”

关于这次家装的成本，虽然面积小但牵扯的产品和厂家实在太多，除去常规项还包括浇楼板，钢木，两个楼梯，铺设地暖，净水设备，换门窗等，硬装下来也到了 15 万元，家电和用品大概在 8 万元左右。

“我选择产品有一个原则，对于卫浴、烟灶、家电等技术含量比较高的选择大品牌里性价比高的产品，对于瓷砖、地板、柜子等技术含量比较低的选择环保且价格适中的，总的成本基本上在我的预算之内。”

建筑师做室内设计和装修，其实也很有挑战性。

比如建筑师和室内设汁师本质的出发点可能不一样，建筑师从宏观的角度出发，更多关注的是空间、房间的尺度感受，房间之间的连接关系。室内设计师的视角更加微观，关注的是风格式样，铺什么样的瓷砖，做什么花样的背景墙，如何把装饰细节做得考究。“对于我这个小房子，寸土必争，解决实际的使用需求是第一位的，没有太多的地方去搞锦上添花的东西。”

建筑师一般的设计工作也接触不到装修这么细的程度，有很多具体的产品和做法也并不熟悉，郭静宇说自己“一切都是摸着石头过河”，跑市场找厂家订产品，研究产品的特性和施工方法。家具需要在计算机里建模型，既要控制尺寸和式样，又要计算工人的工作量。一些重要的施工和安装要在现场盯着，出现很多意想不到的问题时还要现场研究解决方法。

“这次装修遇到非常多的困难，找材料找厂家拉材料、和工人软磨硬泡、协调各种工序、与商家纠纷、处理邻里关系，甚至很多活要自己干，太多太多，如同经历了一场战争，但是最终总结出一句话：‘办法总比问题多。’”

回头想想，装修一路的艰辛恐怕只有自己知道，但如果还有机会，郭静宇觉得自己依然不会选择背着很大的贷款压力买精装的大房子。“这无所谓对与错，只是一种个人的选择，我始终坚信自己的选择。”

郭静宇 / 生于甘肃，上海同济大学建筑设计及理论专业硕士，主要研究城市自发建造现象中所蕴含的潜在设计方法，先后就职于上海师范大学、北京市建筑设计研究院、同济大学建筑设计研究院，任外聘教师、建筑师，从事与建筑设计有关的工程及学术活动。

3

[黄里奇]

四口之家

地址	香港铜锣湾
面积	50 平方米
规模	小公寓
家庭成员	一家四口
总花销	15 万元

寸土寸金的香港岛，设计师主人借助时间差把居住面积变大五倍。

改造前，原本家里有一套 L– 形的沙发，因为面积有限所以割开丢了一半，剩下一半。

黄里奇可以算是网络红人了。2016 年他为客户改造的中环 28 平方米胶囊公寓被 CCTV2 作为空间榜样而在网络疯传，连 CNN 也跑去采访他，当年的那个案例还获得了日本优良设计大奖。

黄里奇自己家本身住在沙田，五年前女儿考到铜锣湾一所很好的小学，但沙田距离铜锣湾有一个半小时的车程，一天花三个小时在路上实在很辛苦，所以他们一家就在铜锣湾附近找了一间只有 50 平方米的小房子。

香港的房价是按照平方尺计算，换算成我们熟悉的平方米，核心地区的房价一平方米合算下来接近 20 万元，租金自然也不便宜。黄里奇一家在铜锣湾的那栋楼是单层才有电梯，所以稍微便宜一点，他们就决定租下来。

这间房子本身面积已经不大，为了节省办公室租金，黄里奇还砍去了一半作为工作室，留给一家四口生活起居就剩下 20 多平方米。

“一开始的时候当然觉得很憋屈，可能我是香港人吧，虽然生活迫人，但从小生活在很窄小的空间，算是能屈能伸，也就习惯了。但是我觉得做了这么多年的设计师，服务了那么多客户，倒忽略了自己的家人，毕竟她们忍耐了这么多年了，女儿也十岁了，事业做了十年，但家里空间却越住越小，20 平方米要住四个人，就一直在想有什么方法可以解决这个住房问题。”黄里奇说。

在这么局促的空间中生活，迫使黄里奇重新改造出租屋，把空间“变大”。黄里奇设计了一面移动的墙体组合，它本身是由几个不同模块组成，可以搭配成六个不同的模式适应生活的各种需求。

第一种是客厅和餐厅模式。白天的时候把移墙推到底，整个空间可以是客厅，翻下桌子便可以跟客户会面，也是晚餐餐桌。沙发带有一个可以升降的茶几，晚餐时便可以容纳十个人一起用餐。移墙推开后，空间可以扩展成完整的 20 平方米。

把移墙推到底就是客厅模式、会客或容纳多人聚餐都不成问题。

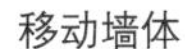

餐厅模式

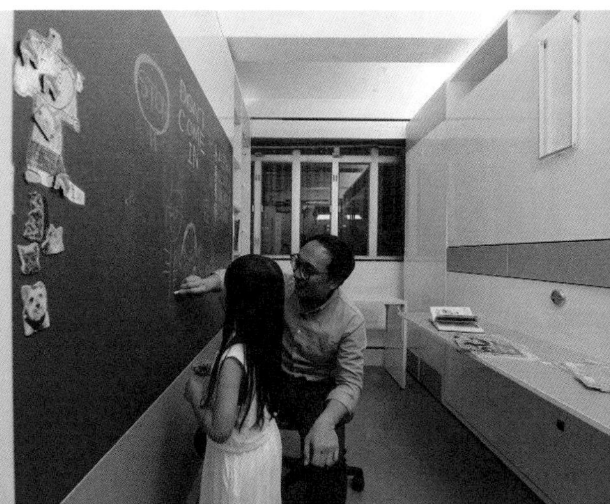

第二种模式下，两个女儿都可以有自己的书桌。

第二种是阅读模式。移墙移到中间，可以翻下两个女儿的书桌。墙体一侧有黑板漆，女儿可以在上面涂写绘画。因为有了移墙作为隔挡，两个小朋友都可以拥有自己相对独立的学习读书环境。

第三种是玩具模式。带有黑板漆的移墙推到底，女儿可以请好几个小朋友来一起玩玩具。

第四种、第五种是睡眠模式。儿童床是上下床，床都可以轻松翻下来，床铰五金件都有国际设计安全认证，确保安全。小朋友上下使用，绝对放心。主人房的睡眠模式，是从沙发翻下的 1.5 米宽双人床，移墙让黄里奇夫妇有更多私人空间。

最后一种是收纳空间。衣柜和储藏的空间约有 5 平方米。

加起来，他家可以使用的空间足有 100 平方米，是一个香港豪宅的尺寸啊！

移动墙的机械路轨和五金床研发做得很好，就算是很大的柜子，连黄里奇

阅读模式

玩具模式中孩子可以邀请朋友来家里做客。

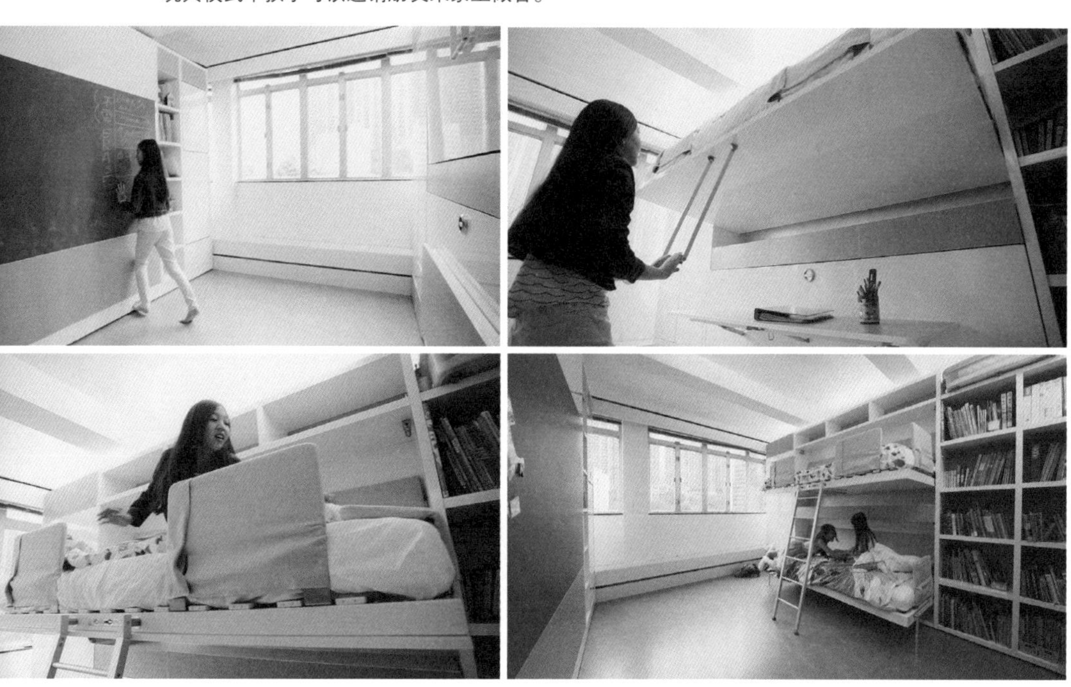

儿童房的上下床是两个女儿的睡眠空间，床板小朋友自己就可以翻下来。

玩具模式

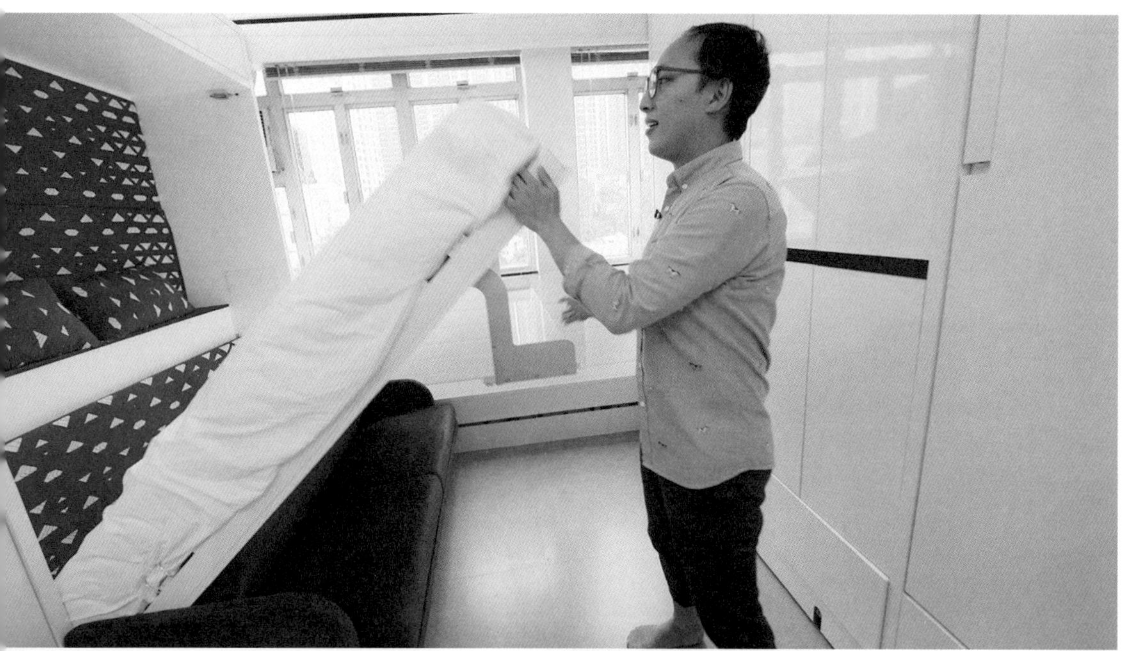

主人房在隔板的另一侧，开启睡眠模式时，移墙在中间，模块中翻下的双人床有 1.5 米宽，给黄里奇夫妇独立宽敞的私人空间。

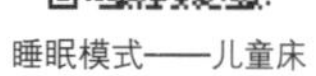

睡眠模式——儿童床

睡眠模式——主人房

的女儿也可以轻易推动。上下层床也是，中途放手也不会掉下来，主人床就算1.5米宽的床垫也是非常稳固的。“这套组柜安装几天便能完成，是一个性价比很高的产品。”

“因为我是设计师，要亲自用得好，连我的家人也用过，才有信心介绍给我的客户。不然的话，会被客户投诉啊！说实在的，很多设计师或者厂商老板自己也未必会亲自睡自己设计的床啊，哈哈。”

之前中环28平方米的胶囊房由于五金件等各类移动的东西都是为客户专门定做，也是他们首次尝试，所以试验成本极高，约85万人民币。而这套家居总花销约十五万人民币（包含安装费用），表面上比普通家具价格高，但黄里奇省了高昂的房价，换来四五倍的空间来使用，按铜锣湾的房价算下来，相当于省了一千三百万人民币。

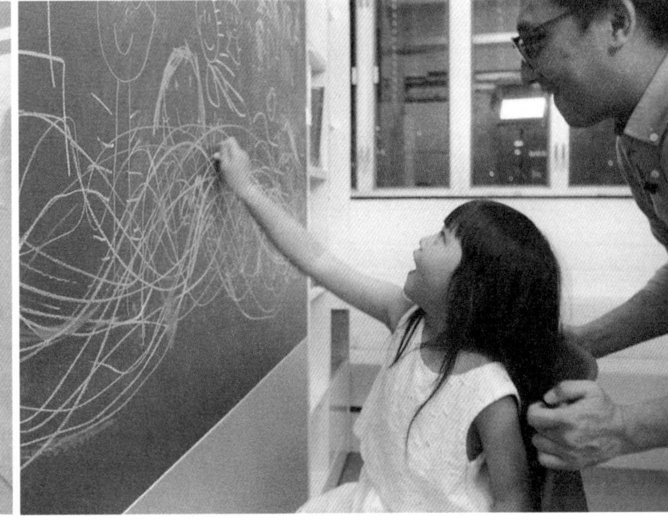

一家人即使空间再小也有很多乐趣可以一起分享。

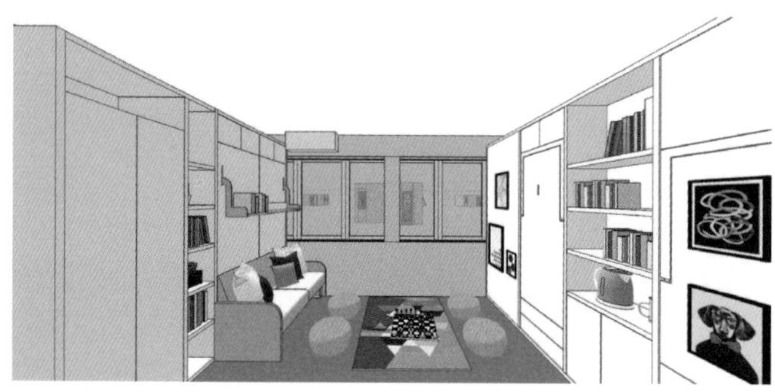

客厅和餐厅模式示意图

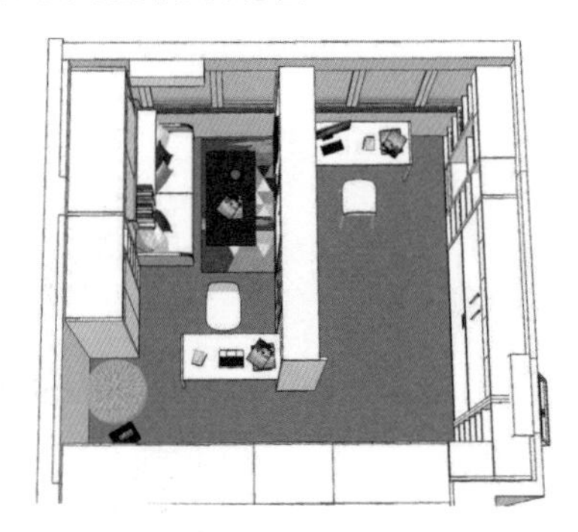
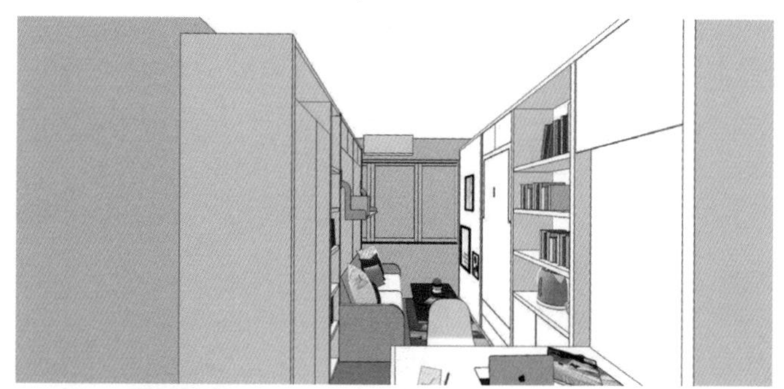

阅读模式示意图

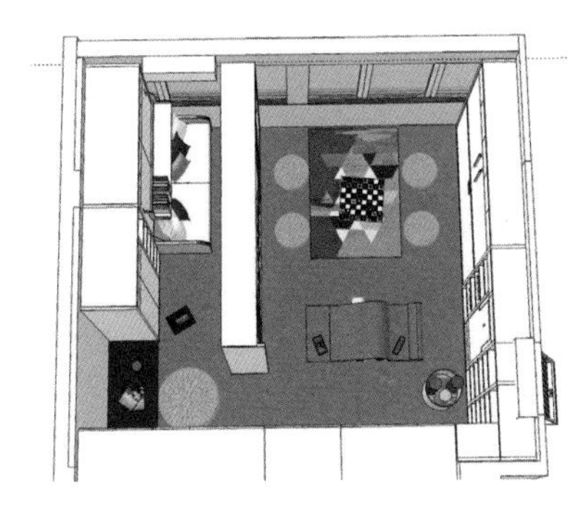

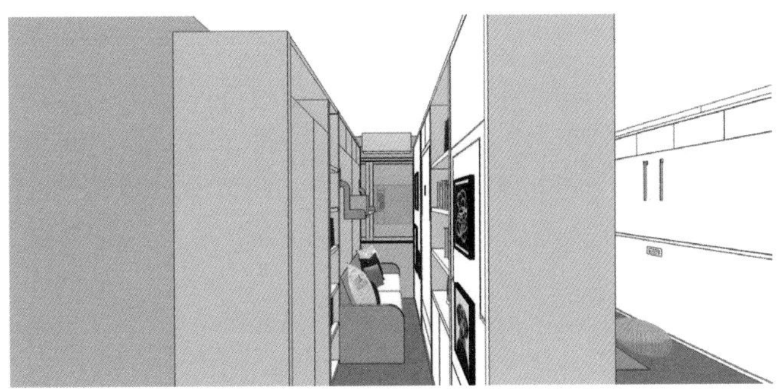

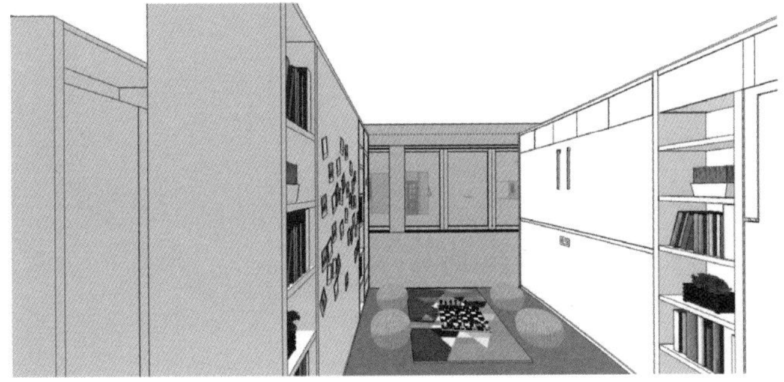

玩具模式示意图

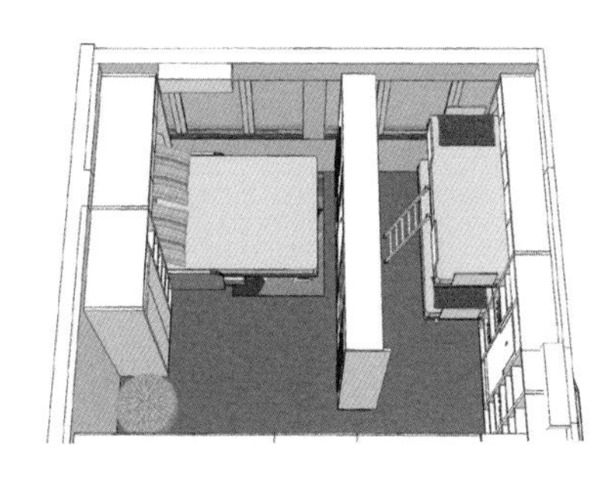

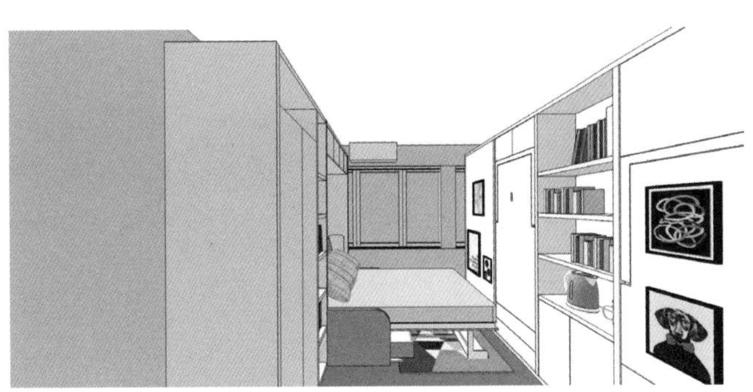

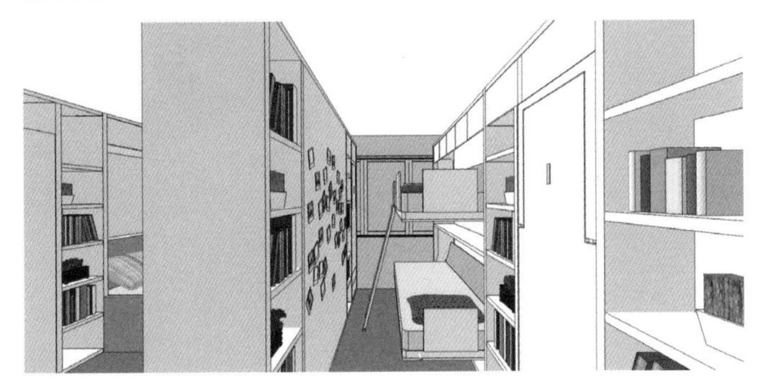

睡眠模式示意图

“二三十年前其实就有这种翻床，但五金件质量不好，容易压倒使用者而受伤，或者很容易坏，所以没有普及。20 年后的今天，住房问题再次成为年轻一代要面对的重大难关：薪水没有增加，房租房贷地价越来越高，居住的空间越来越小。我们年轻人不能解决地价的问题，但可以用聪明的方法去打造更宽敞的空间。所以若找到合适而又质量优良的翻床厂商，这种变形家具一定会成为热潮。”黄里奇说。

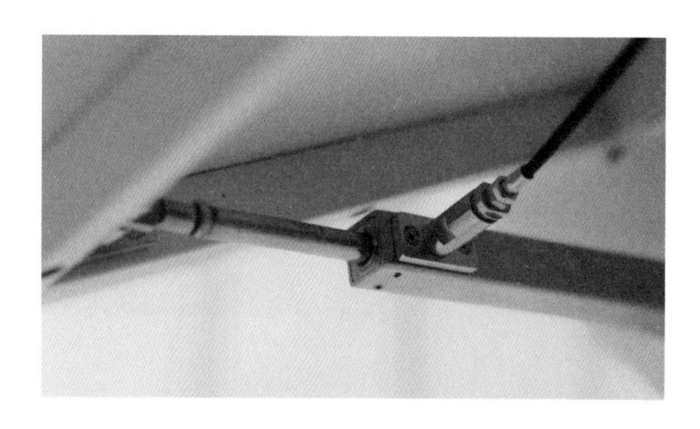
被黄里奇称赞的坚固耐用的五金。

黄里奇 /RAAW 里奇主建创办人及创意总监。曾任 LAAB 共同创办人及创意总监。

4

[武欣　曹子颉]

Sliding APT

地址	上海市长宁区番禺路
面积	57 平方米
规模	公寓平层
家庭成员	建筑师夫妇和 10 个月大的女宝
总花销	15 万元

建筑师夫妇动手做桌椅书柜，把 57 平方米过得宽敞舒适。

武欣和曹子颉都是建筑师，他们俩本科一个学的文学一个学的数学，研究生不约而同跨学科选择了建筑设计这条路，这种缘分最终让两人走到一起，现在他们成立了自己的工作室WorkshopXZ，搭伙做设计。

当时买下这个方方正正的小户型时，其实房子的状态还不错，一室两厅，装修也不算太老。但因为窗外是一棵大树，几乎遮挡了进入客厅的全部光线，所以即使是白天，客厅和餐厅也都很昏暗，卧室倒是非常明亮。出于这个根本的采光问题，再加上夫妇俩都想要一个更加灵活的空间，可以满足不同时间的不同需求，他们决定重新进行装修。

第一步就是把所有的非承重墙打通了，这样就有了一个完整的开放式空间，整个房间也一下子敞亮起来。

移墙示意图 1

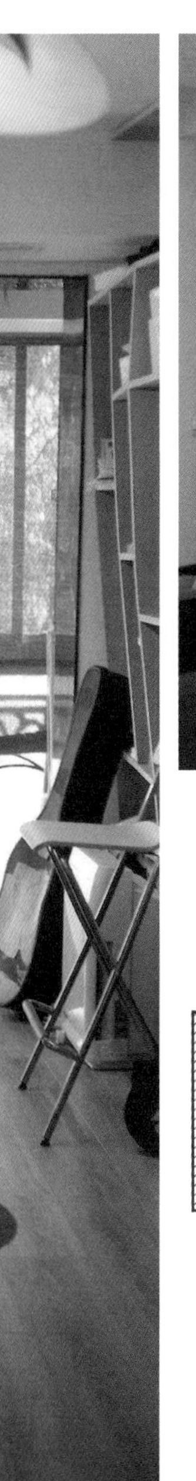

1 | 2

家具大多是夫妇俩自己动手做的，移墙面朝工作室的一面还可以作为提示板贴上各种工作备忘。

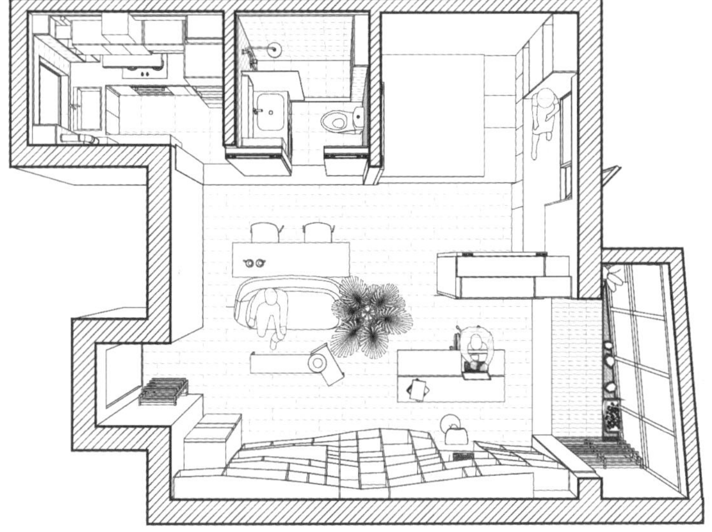

Sliding APT 图纸

移墙示意图 2

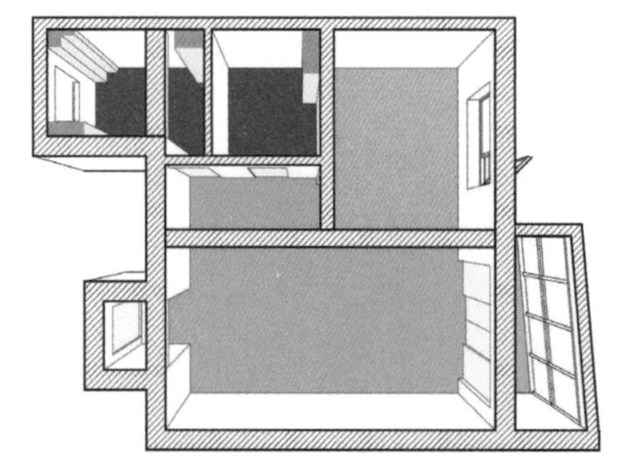
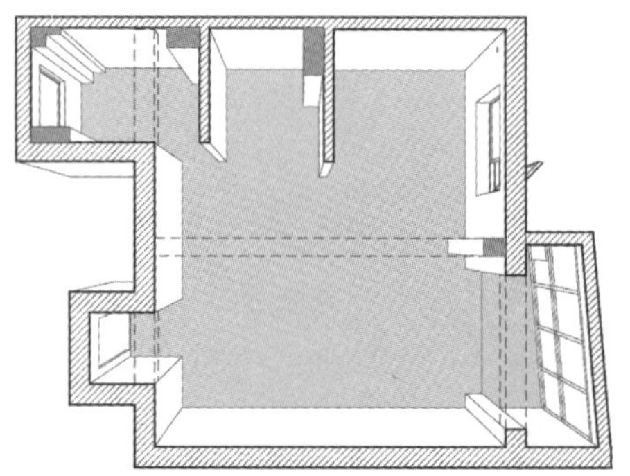

打掉所有的非承重墙后，家里的空间宽敞而灵活，方便重新进行功能布局。

因为不想再用实墙把空间分割，他们决定用 sliding（滑动）的概念，设计 4 条吊在房顶上的轨道，再用轻钢龙骨、木工板加上石膏板、饰面板做了 5 面轻质墙体，这样整个空间就可以通过墙体的滑动而进行自由分割了。

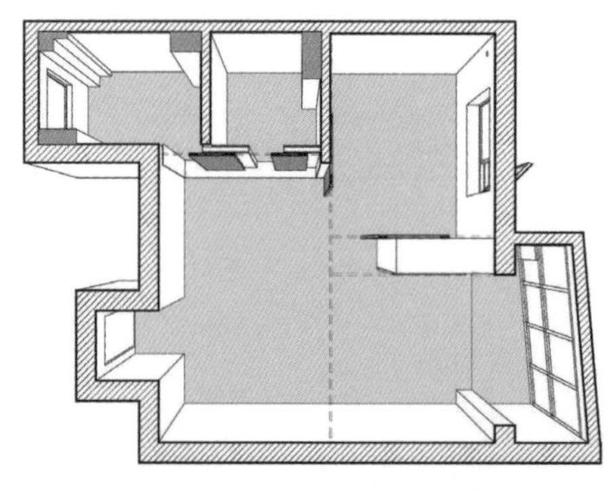

虚线部分是滑轨的安装位置，整个空间通过墙体的滑动进行自由分割。

通过移墙，家中的空间可以实现隔断与开放。

apt 构思示意图

因为梁柱的关系，他们在梁下方、柱子的旁边增加了一个两面开门的柜子，而移墙就作为柜子的门，分别开向居住空间和工作空间。

在洗手间和厨房的外墙也做了同样的移墙处理，关上时，就是一整面的木饰面背景，很好地隐藏了这些后勤空间。储物也是设计时的重点，因为家里面积小，设计师东西又很多，所以卧室没有放床，而是把地板抬高 30 厘米做了 9 个柜子的榻榻米。

靠窗户的墙也做了一排 L 形的柜子，柜子的上面和窗户下沿齐平，正好框出了一个飘窗空间，窝在一大面玻璃前面看外面的树影摇动也是挺美好的。

卧室没有床，榻榻米既方便储物收纳，小宝宝在上面游戏时还可避免跌落。

两面移墙将卧室与客厅“分分合合”，简洁的卧室中其实藏有很多收纳空间。

1 | 2
3

Sliding Apartment 的厨卫部分。

先生曹子颉热衷于参数化设计，所以家中最大的一面实墙也被设计成了一整墙的参数化开放式书柜。所谓参数化，就是在一开始定好所需的书柜隔间尺寸之后，进行定制性的优化：把格子进一步地分割或合并，用来装下特定的物件（比如电视机、冰箱、站立式工作台、吉他、小的艺术品等）；同时在深度上也根据物件的大小加以调整；最后再生成连续的曲线，把书架变成了一个流动的艺术品。

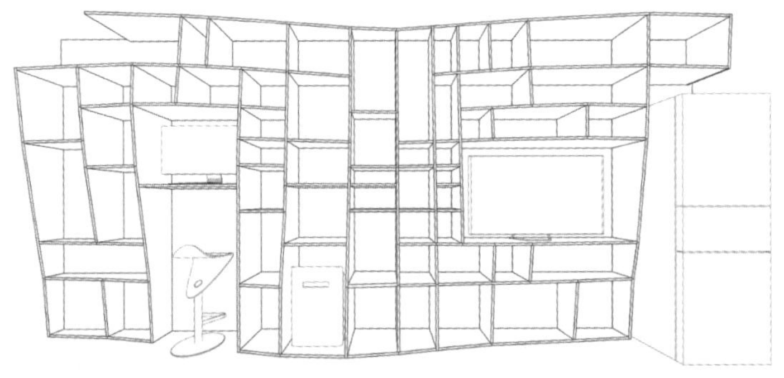

家中最大的一面墙被当作了参数化设计的试验品。

书架示意图

另外值得一提的是，这个书架，包括他们的工作台、茶几和条凳，都是自己动手用木板做的。因为书架过于复杂和庞大，这个工程也持续了好几个周末才得以完成。

武欣和曹子颉的装修改造包含家电家具在内总花销在 15 万元左右。

武欣 / 武汉大学英语文学和心理学专业。后取得爱荷华州立大学建筑学硕士学位。曾在纽约 asymptote architecture 工作，回国后在 AECOM 做城市设计师。

曹子劼 / 复旦大学数学专业。后取得爱荷华州立大学建筑学硕士学位。曾在纽约 asymptote architecture 工作，回国后在 GENSLER 做建筑设计师。

他们俩现在成立自己的事务所 WORKSHOP XZ。

RICHARD SERRA
SCULPTURE: FORTY YEARS
SOL LEWITT A RETROSPECTIV
Franz Erhard Walther Arbeiten 1969–1976
Dan Flavin: A Retrospective
Michael Heizer
Eva Hesse Sculpture
glass in architecture
Mies van der Rohe at work
KENZO TANGE 1946-69
MIES IN BERLIN
SIGURD LEWERENTZ
NIKKEN SEKKEI
DANIEL LIBESKIND
THE ARCHITECTURE OF MARIO BOTTA
TADAO ANDO DETAILS
MODERN ARCHITECTURE
PHOTOGRAPHS BY EZRA STOLLER
Heavenly Vaults
MATISSE
RICHARD LONG

第二部分

老房换新颜

[王 斌]

新旧间

5

地址　江苏省苏州市
面积　108 平方米
规模　旧公寓顶层，带有一个阁楼
家庭成员　三口之家

“新旧间”室内的设计试图在“新”与“旧”之间做出平衡。

建筑师王斌的宅子位于苏州古城区的一处旧公寓顶层，连阁楼在内共 108 平方米。在这里不仅可以找到伊姆斯设计的椅子，普鲁威设计的壁灯，还有 1958 年苏州拆城墙的时候拆下的城砖，王斌把它嵌进了床头柜。

床头柜上嵌进了老城砖。

斗拱、老城砖、花窗，都在新家找到了自己的位置。

这间老房被王斌叫作“新旧间”，因为室内的设计试图在“新”与“旧”之间做出平衡。一方面用简洁的外观和明亮的色调给陈旧的公寓带来生气和活力，同时又充分利用很多当地旧货收藏，把它们融于新的家具设计中。

把旧物放进新的生活环境，如果只起到装饰作用，恐怕还不能算是“融旧于新”。王斌的家中两个斗拱被改成了吊灯，老家拆迁剩下的两扇花窗被他改成了两把椅子，老物件作为结构性构件或功能性元素获得了新的生命。即使父辈们对椅子的舒适度进行调侃，但他却享受着心理上的满足。

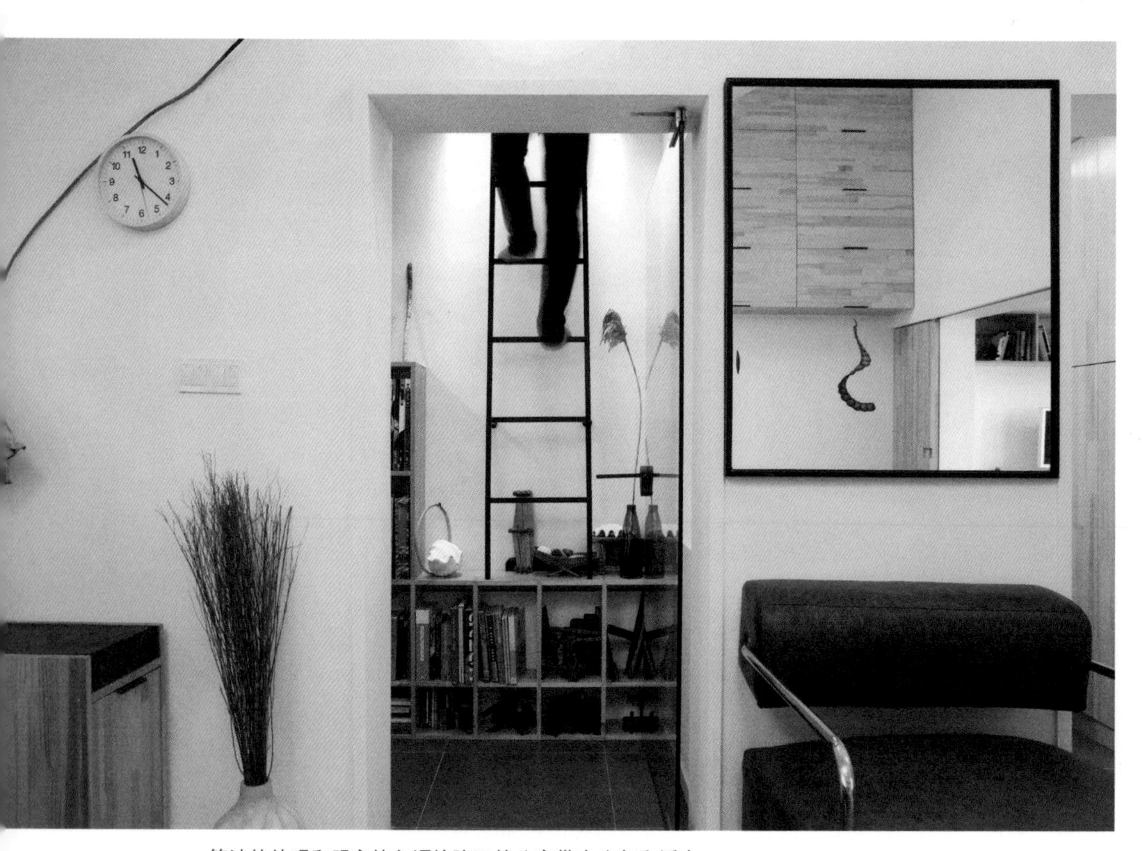

简洁的外观和明亮的色调给陈旧的公寓带来生气和活力。

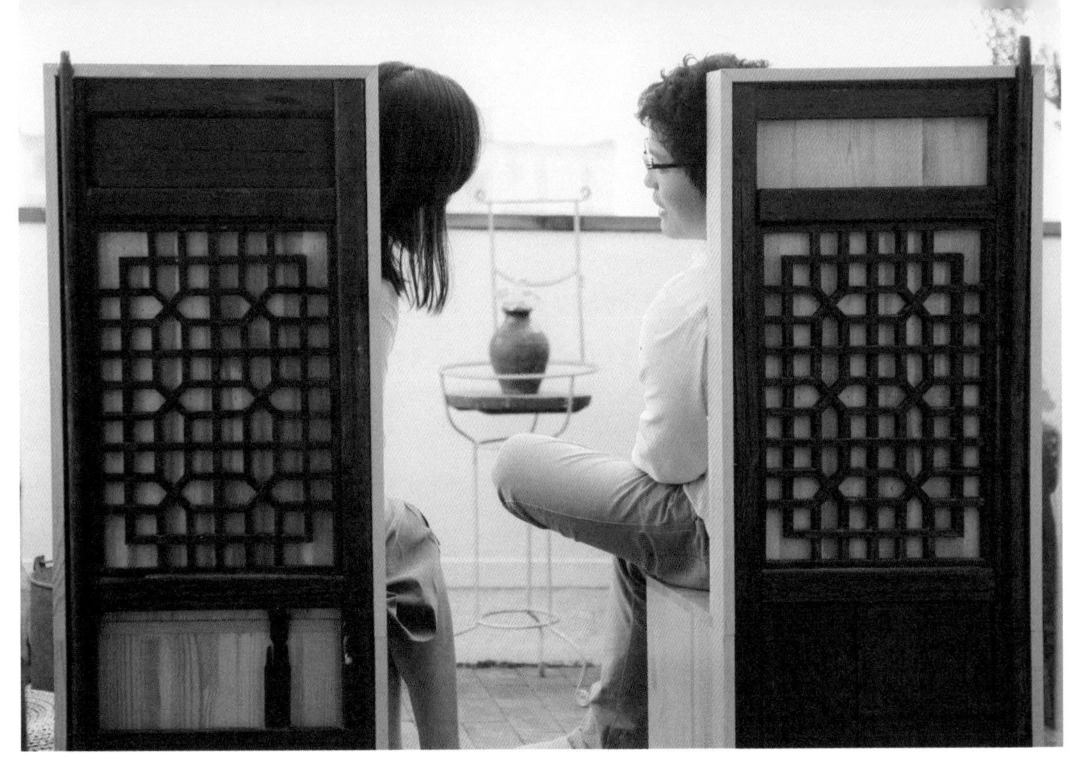

拆迁剩下的两扇花窗被他改成了两把椅子。

老物新生在家中随处可见。

改造的过程中，王斌把街坊里的老木匠用过的红木刨子做成了门把手，没有徒弟的老木匠在退休的时候以500元的价格把全部老工具卖给了他。这些旧物使这个新家充满着故事和回忆，容纳着城市的变迁和私人的情感。

老木匠用过的红木刨子做成了门把手，和原木色的推拉门相映成趣。

王斌说从前大家都住在古城中，有很多互动的空间模式，因此一直有在古城居住下来的想法。住在这里，也让他找回自己。

“从前，大家都住在古城中，有很多互动的那种空间模式，因此我一直有在古城居住下来的想法，从来没想过要住到新区去。”王斌说。

他家所在的小区主要为当地回迁居民建造，小区几乎所有的住户都是原地回迁的老人，一个年轻的三口之家住在顶层，与老人们共生，似乎没有想象中的诸多不便，反而老人们的生活方式也让他们感到新奇。

老房楼道里永远堆放着很多等待变卖的旧货，二楼的老爷爷家里狭小的阳台上像热带雨林般种满了各式植物，还把大门口的绿化带当成自己的花园，栽种着高大的月季花和山茶花。对面的老奶奶家里则堆满了陈年报纸，甚至可以把报纸堆当成沙发一样坐在上面看电视，原因只是因为她觉得现在卖旧货的出价太低，就这样让市价几毛钱的报纸堆满她每平方米超过万元的房间。

旧物让新家充满了故事和回忆。

楼梯间除了靠墙的一组书架，王斌还在空中安置了几组置物架，不仅可以收纳图书，还有了更多的地方摆放心爱的旧物。

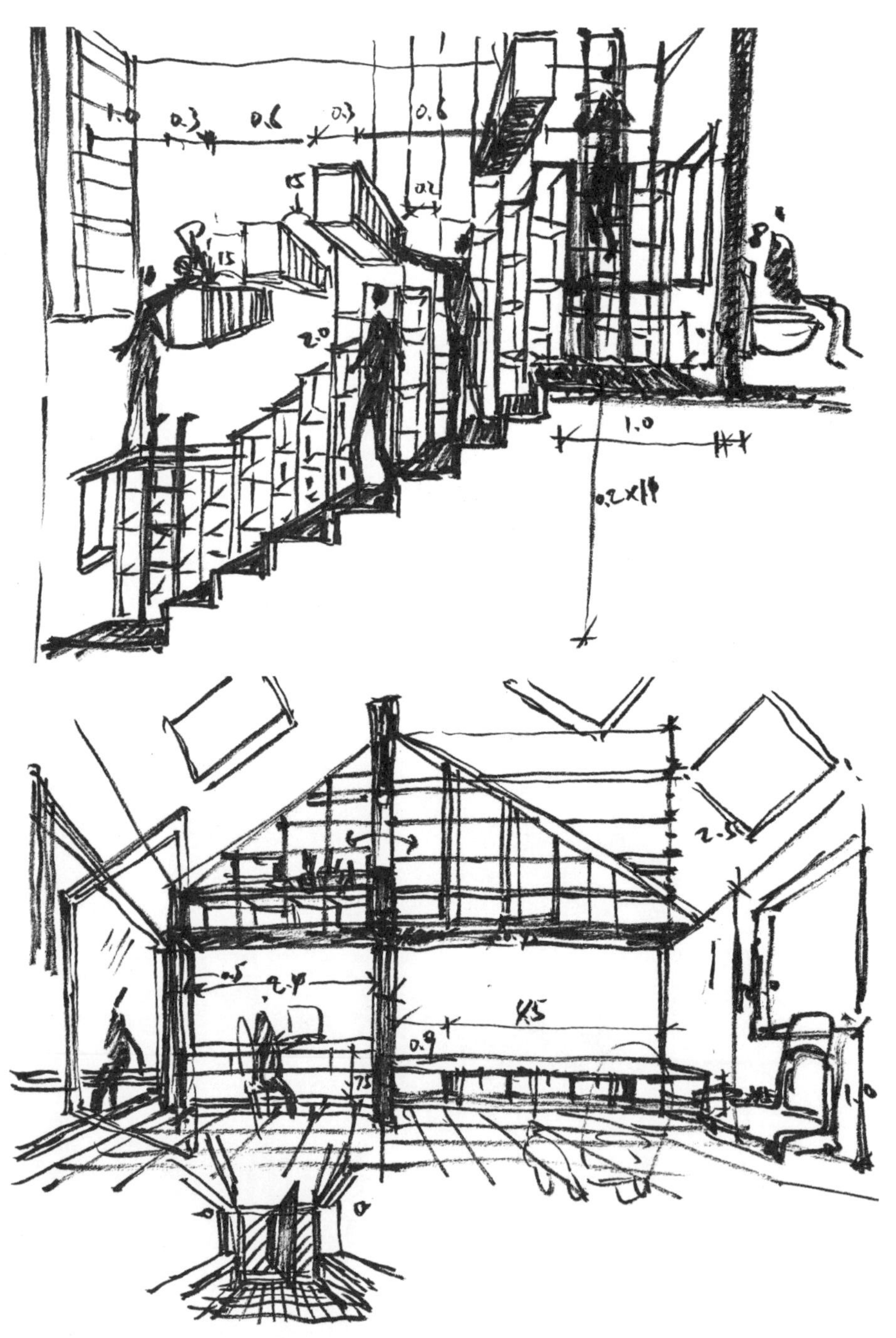

王斌的设计手稿，里面呈现了他对楼梯间和门的构想和思考。

阁楼上的露台，成了自家的小院。

“这些邻里之间的故事给我们带来了很大的灵感，同时让我们安心，暂时远离商业世界并能在快节奏的工作之余享受古城区的平静生活。更重要的是，在这样的一种环境中，我们似乎找到了过去和未来相交的坐标点，找到了心灵的归宿。”

原木色的椅柜，素色的床品和鲜艳的红色沙发形成了有趣的对比。

王斌说他和大多数的同龄人一样，自己的家其实没有任何风格，他也不喜欢“风格”这个词。他的设计也许是在解一种乡愁。

“小学的时候因为住得远，回家要走街串巷，会路过很多同学的家，因此对城市有了一个整体的印象。印象最深的就是那时候大多数同学都住在一进一进的院宅里，深不见底；还有就是过年的时候吃完年夜饭回家，狭窄的道路两边夹道放焰火，我就坐在父亲的自行车后面从烟花中穿过。我想这些回忆能够帮助我们找到真正的自己。”

改造之初王斌还给家人画图纸，后来发现根本没人看，于是就有空的时候去现场给工人师傅画草图，因此工期拖了很久。“我父亲一直说我家是烂尾房，

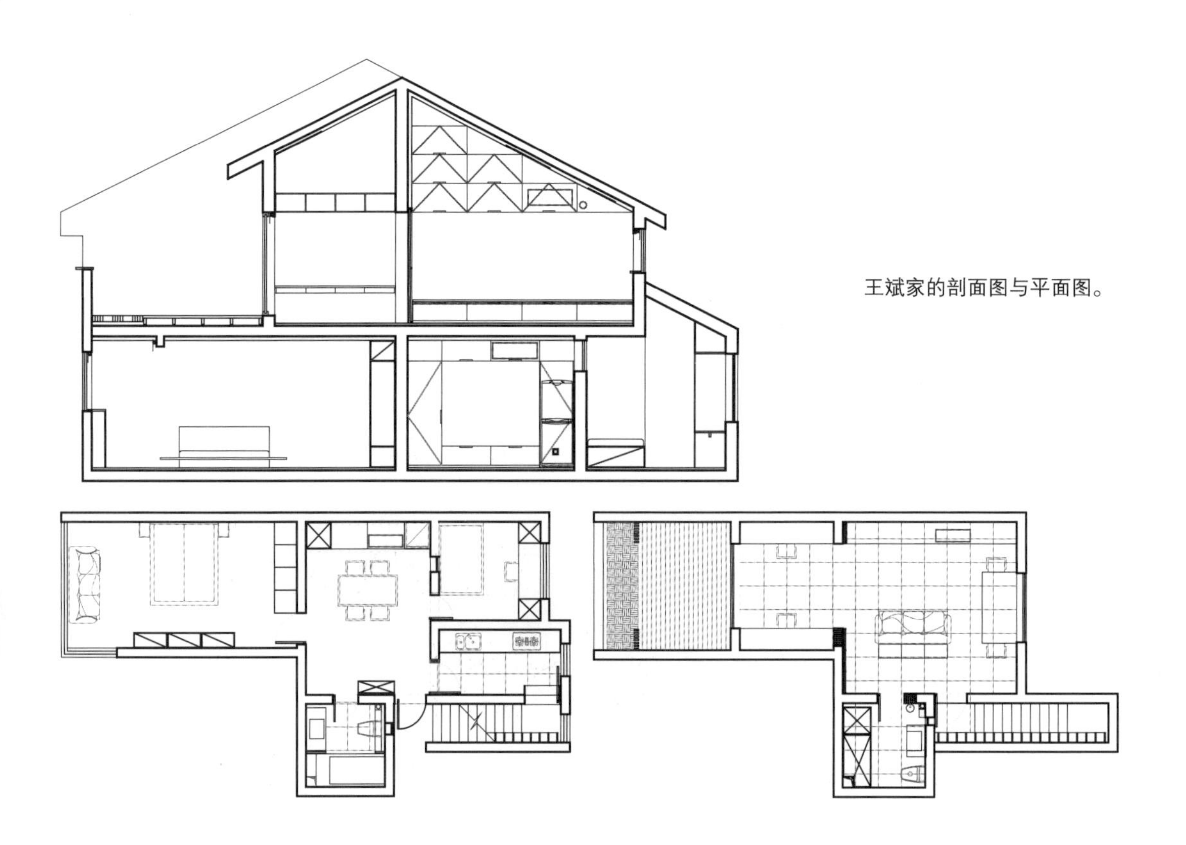

王斌家的剖面图与平面图。

王斌的家还在不断地增加新物、旧物。旅行中淘来的老物件多的都快堆不下，“新旧间”的故事会一直上演。

直到完成他才觉得不错。因此，这跟一般做项目不一样，不用面对最难的一件事情：就是在还没有开始施工的时候让业主对你的设计买单，尤其当他们知道你要做的东西没什么现成图片作为参考的时候”。

2012年，王斌成立了自己的工作室“个别设计”，就像对待自己家一样，他希望每一件作品都有其独特性，区别批量化生产的千篇一律。

王斌 / 出生于1982年，本科毕业于东南大学，硕士毕业于加州大学伯克利分校，其后在纽约KPF建筑师事务所工作，2012年回国创立个别设计工作室。

[赵林方]

医师的夯土房

6

地址	浙江省丽水市上庄村
面积	102 平方米
规模	改造前为浙江西南典型的三间夯土房
家庭成员	赵林方一家，偶尔她的朋友们会来山中做客

丽水古堰画乡对面的上庄村山腰，赵林方改造了一处夯土房。

两年前我曾写过赵林方的第一处宅子，在丽水的大港头，房间古朴，衣食住行中露出的物质追求非常朴素。再聊起来她的房子时，她说："你们之前看的那个我就是随便弄弄，我新改造了几个比那个要更好。"这个"更好的"房子就是这座"上庄山居"。

被赵林方津津乐道的宅子是在浙江丽水古堰画乡对面的上庄村山腰上。

这个村子海拔 600 米，20 世纪 80 年代末新农村建设的时候，村子里很多房屋都用水泥洋房替代了老旧的夯土房，只有村子里偏角落的地方剩下了几幢老房子。赵林方的居所就是其中之一。

从远处看去，赵林方的夯土房在邻居的新式水泥小洋楼衬托下既不破败也不突兀。

改造前是浙江西南部经典的三间夯土房。改造后，主体结构并没有太大的改变。

大门从正南改为西侧朝向，进门的动线便由直变曲。西侧大门外有个前厅，夏天这里山花烂漫。

老宅有着天然的魔力能让人们的生活节奏慢下来，这也是她向往的起居节奏，因此宅子的格局并没有太大的改变，夯土结构的墙面用相似颜色的材质又加固了一层，落水管用了有效的排水系统。

赵林方把传统朝南开的大门改向西侧，增加了一个西侧的前庭，动线因此由直变曲。

改造后的夯土房一层具备玄关、客厅、东西厢房、厨房、餐厅和后院，二层设置了茶室、东西厢卧房、依山露台和一个阳台。

为了环保她没有使用油漆进行粉饰，改造的“秘诀”其实就是用软装来平衡裸露的墙面。恰当地使用木材，编织器皿，再加上山里时令的花果蔬食，家里就充满了温暖和闲适。

不过车的水泥路铺上了碎石。

赵林方在处厨房里忙活。

山里的时令蔬菜总是最美味的，来赵林方家里做客住宿的朋友都忍不住多添一勺饭。

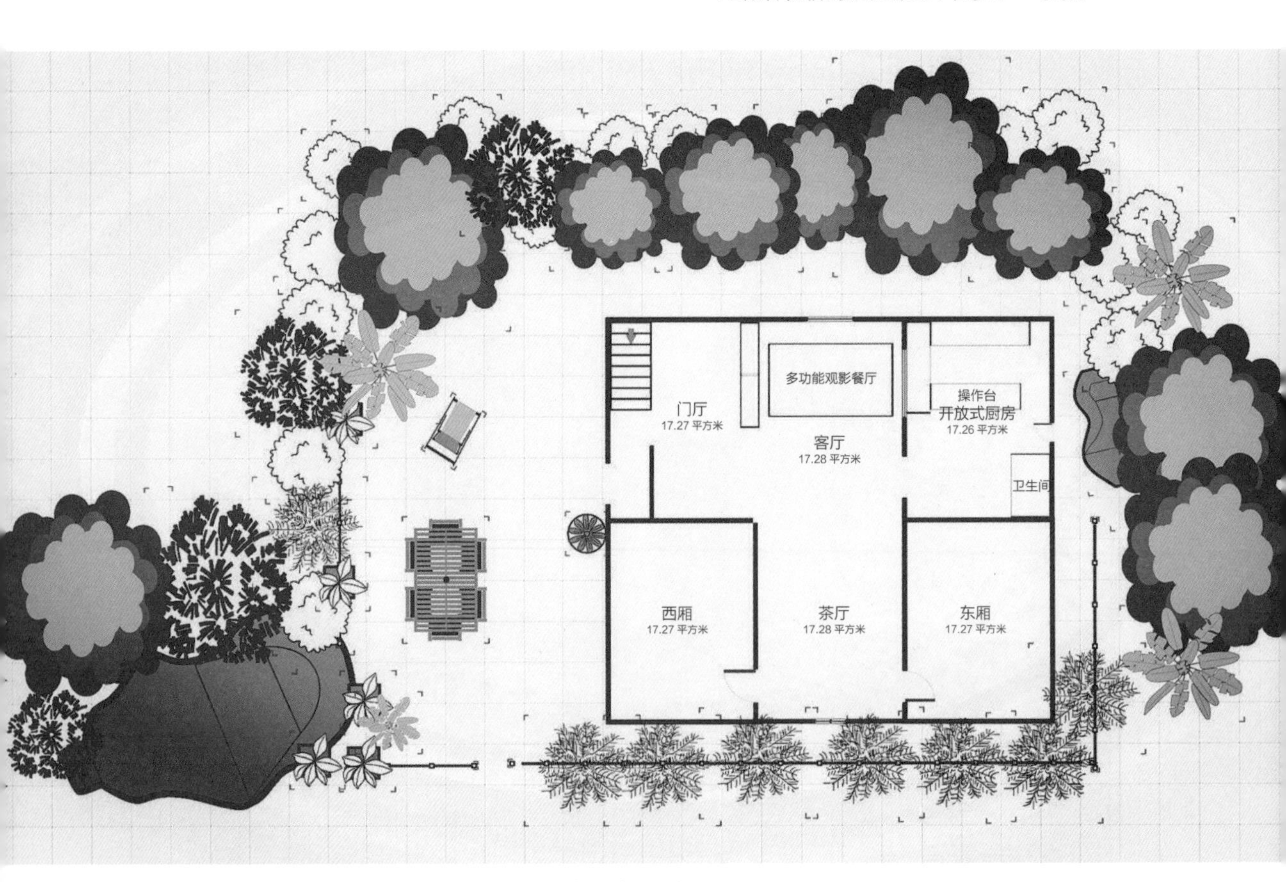

改造后上庄山居的平面图，包含了一个改造过的池塘。

改造后的夯土房，一层有门厅、客厅、茶厅，东西厢房和一间开放式厨房。

赵林方的房子就地取材。比如削尖了竹子，一头插入石缝的清泉中，一头连接池子，直接引来清冽的山泉，蔬果也浸在池中，省去了冰箱。

说了这么多看似专业的改造，赵林方其实并非科班出身，也没有给别人设计房子的经历，她说自己只是依从内心的生活态度，想要什么样的生活，就去创造什么样的生活空间。几经折腾，外人看来她就是半个建筑师啦。

现在赵林方常居野院别舍，但身居山中并不代表要过苦行僧的生活。她把住不过来的几间厢房开放成了民宿，家中一层的区域还设置了投影和琴房，茶余饭后在这里看看电影。

1 | 2
3 |

1、2 / 位于二层的卧室同样只采用了木材作为装修的材料，朋友戏称赵林方的改造是一种“北欧风”。
3 / 赵林方总说自己住山里，但并非是过苦行僧的生活，茶余饭后一样可以看看电影。

后院不仅是饮茶休憩的场所，还有一汪清泉，泉水顺着岩壁滴下，冬暖夏凉，终年不竭。

除了上庄山居，赵林方最近又在丽水市区里改造了一处八九十年代的旧公房。相比于夯土房，这处更加强调隐私性，将会客与起居功能二者分开，被赵林方称为“家外的客厅”，也用作手作的工作室。这处房子位于灯塔小区 21 幢 101 室，从巷子里走进去，路两旁是砖砌的围墙，唯有她家门前是两扇大木门。

旧公房庭院改造前后。

门窗都重新改为木质，并搭配卷帘。入户的门前还铺设了木板，和石板路作为对比，明确了室内室外的界限。

推门入院，原本平铺的水泥地面被改成了大块石砖铺就的庭院，石缝中冒出星星点点的小草和青苔，让院子里多了份绿意。小院的围墙不再是单一的墙面，而是用瓦块垒出自然的肌理。大门与上庄山居的处理相似，从正面转向了侧边，家里立马就有了玄关。门窗都用木框重新订制，搭配了卷帘遮挡落日时的阳光。

一层的空间赵林方做了除湿的处理。屋内被分成了两个彼此连接又相互独立的空间，一个主要作为会客使用，一个作为日常起居和睡觉的地方。两个空间在色调上就有明显的不同。半开放的会客区与前院连接，用玻璃搭建的顶棚覆盖了整个会客区并一直延伸到入屋的房门。这个区域使用了暗色调，四壁都抹上了水泥，配上灰色调的家具，屋里的气氛变得沉静下来。

半开放的会客区域与前院连接，暗色调与起居室的明亮温暖形成对比。

屋内主人休息的空间更为私密。

窄长客厅和卧室相邻，组成了起居空间。

窄长客厅搭配长条木桌。

起居室就很不同了，从玄关处首先看见的窄长的客厅，她就在这里顺势摆放了长条木桌。转身进入卧室，暖黄的灯光配上席地坐榻，舒适而惬意。这里可以喝喝茶，聊聊天，困了也可以小憩。

赵林方的改造里总能找到老房子的影子。她不希望彻底推倒重装，而是把原来的房子能用的部分尽量保留下来，减少因为刻意装修带来的资源浪费和污染。比如公房室内的地板砖赵林方就继续使用着。

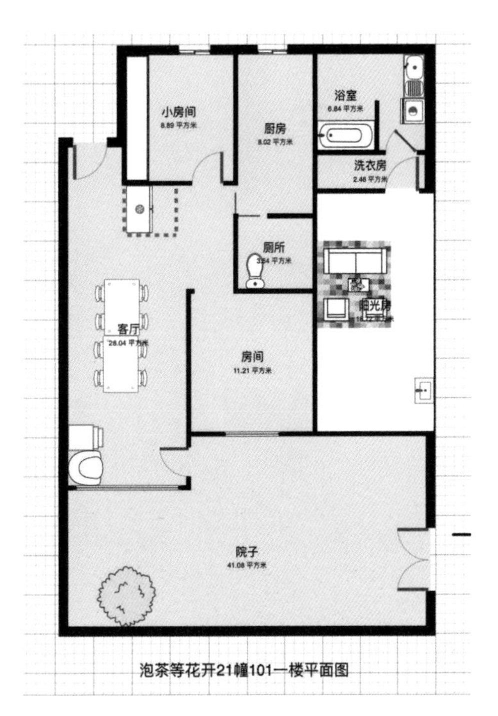

泡茶等花开21幢101一楼平面图

赵林方用的器皿都透着古风。

赵林方喜欢用自然的材质装点家宅，上庄山居里大面积使用的木材在这间旧公房里也可以看到，桌上的各式器皿也都是朋友亲手制作。

问起赵林方“无师自通”做设计的方法，她像孩子一样大笑道：“自己的家一要简单实用，二要好搞卫生，你想要什么样的空间，就去实现它。”这样简单接地气的原则难怪会越住越舒坦啊！

赵林方总说自己就是一个家庭主妇，她最享受的时光就是陪伴家人的时候，改造也都是围绕最实际的用途，这其实就是自宅最佳的诠释了。

赵林方 / 家庭主妇，乐于改造老房、分享老房改造经验。经营自己动手改造的民宿“泡茶等花开”。

不用学设计就能上手的老房改造秘籍

简单实用，容易打扫卫生

用“简单实用，容易打扫卫生”这个原则进行改造，会很自觉地去除掉复杂和不实用的部分，改造出的房子会呈现出简朴、自然和温暖的感觉。不要一上来就给家框出一个风格（虽然风格是最容易脱口而出的），再按照风格选家具和软装。市面上的家居不都是按风格分类的，用一种想象束缚住自己也许会错失很多自己喜欢的家居物品。坚持自己最初的想法也比想象中困难，因为改造过程中你会接触到大量新的信息，多到足以动摇你的初心，改造过程会变得难以取舍，最后使你沮丧收场，草草了事。赵林方给出的建议是边做边改，不像设计师那样先画平面图、草图、效果图，而是对家中格局有了全面地了解和思考后直接着手，用自己的实际生活需求作为设计的原则。

改造前要想猜楚自己想要什么，需要解决什么问题。每个阶段人对房子的期待都不同。赵林方前前后后改造过好几处宅子，第一处在丽水大港头，房子中有张很大的桌子，背靠一整面书墙，被她称作延伸的阅读空间。大港头的房子为了保留古旧的面貌，特地留下了土灶，因为这是一家人团聚、热闹和融洽的象征，也是城市消失的场景。龙泉明清古宅也秉承类似的思路，保留下来了老宅的雕梁画栋，房间除了添加必要的卫生间和空调都延续了之前的风貌。赵林方喜欢喝茶，这间宅子就做了禅意的空间，可以喝茶发呆。再看她目前居住的丽水上庄山居，虽然村子都翻新成了水泥小楼，但她坚持留下夯土结构，在原有房屋基础上进行加固，房子其他的设施也都就地取材。赵林方的老房改造是因为喜欢老房本身淳朴自然的味道，所以循着自在居住的思路进行设计，整个改造中生活态度才是关键，无关“住宅风格”和“设计理念”。

容易打扫卫生这条原则再简单不过了。房子是要日常使用的，如果被自己弄得晕头转向，不好打理，即使看上去精致，居住一段时间也会被现实的琐事打败。

山里生活，也要安全、自在、舒适

赵林方住在山里的3年多时光，并非我们想象的苦行僧生活。如果你不是自家的古宅，想要入手一套老房，要先考察好村里是否通水通电，以及老房是否有安全隐患。添置好必要的卫生设备和保暖降温设施后，可以考虑开始你的改造之旅啦。

选择去住老房，可以尽量保留老房原始的风貌，用当地木材做家具，用石材铺就路面。考虑到环保可以不上油漆，用软装来平衡家里的色彩和气氛。为了减少光源对身体的损害，赵林方尽可能少使用大灯，采用主灯加辅灯的方式让家里明亮温暖。

建筑是给人幸福感的，不用因为住进山里刻意放弃很多爱好。你同样可以有大电视，甚至投影，可以有高科技的厨房，琴房，儿童乐园……而山居带给你的不仅是新鲜的空气和食材，广阔的空间，还有自在的思绪和彻底的放松。

[夏云 徐文凯]

楼梯盒子乐园

7

地址	山东省济南市
面积	178 平方米
规模	砖混结构复式老房
家庭成员	三口之家
总花销	除家具和软装约 28 万元

在二线城市买下复式，没有空间的限制，夏云按照自己的理想图景为自己和家人打造了生活的乐园。

在当妈妈之前，夏云既是建筑师也是老师，徐文凯是她的学生，这次的住宅改造就是他们一起完成的。他们喜欢一起在夏云旧家奇大无比、布局不合理的厨房里做设计。夏云有了女儿后，买下了一个复式二手房，因为新居地址在二线城市，不存在在几十平方米空间辗转腾挪解决十几口居住的难题，夏云和大徐有机会按自己的想法做一次自己可以把控的设计。

这间复式位于六层，由于楼体是建于十几年前的砖混老房，所以没有电梯。改造前的起居室朝北，厨房非常狭长，在北方并不是良好的户型布局，好在小区楼都比较矮，间距合理，采光还不错。

夏云的先生是动画电影人，他们的宝贝被她称作“幼儿园的女魔头”，像很多 80 后的年轻家庭一样，他们一家三口和父母同住一个小区但是并不住在一起，父母既可以临时帮忙照看孩子，又保持了相互生活的独立，互不打扰。

改造之初，夏云一家对未来的生活有着复杂的愿望：严禁电视机墙之类陈词滥调的起居空间；严禁孤军作战的厨房；孩子可以乱跑，到处玩耍，到处可以看书，空间要动起来；夫妇二人有明亮的工作室；收纳能做到藏起一切衣物和东西；好好利用楼梯，不枉费买一套复式；还要有一个可以种花的露台。

国内成熟户型中的起居室总是用一堵电视机墙垄断了一家人的闲余时间，夏云不希望用电视机或者某种单一的媒介垄断客厅。长期在德国的生活经历以及她和家人的生活习惯，夏云更希望起居室是可以好好玩耍、聊天、看电影的地方。

改造前的楼梯直对着住宅的大门，有种从二楼下来就要直接冲出门去的不良感受，夏云说也许就是所谓的风水不好。于是她们改变了最后两级台阶的位置和楼梯下来的方向，并设计了柜子挡在楼梯与玄关之间。柜子一面刷了乳胶漆，“假装自己是一段延伸的墙体”，其实是个腹中满满的收纳柜。

夏云一家不希望客厅被电视机主宰，于是把电视“藏”在了柜门中，客厅带给家人共享的时光。

楼梯是夏云和大徐想好好利用的地方，她们用盒子的概念连接楼上楼下，既满足收纳的功能，电视机、线路、路由器都收在里面，又通过不同的开口在楼梯盒子里藏了一个孩子的乐园。打开最后一级台阶上的大门就是楼梯中孩子的藏宝屋。藏宝屋的窗户开在楼梯上，可以和大朋友聊天，也经常在这里玩超市游戏，谁坐在楼梯上，就要从这个窗口买东西（有宝宝的我表示很中意这个楼梯游戏间！）。

藏宝间容量不小，楼梯的第一级台阶，延伸到了藏宝间里，可收纳，可当超市收银台；有时夏云的宝宝还趴在上面画画。沿着楼梯盒子走到二层可

大人和孩子都能在楼梯盒子的小阁楼找到乐趣。

以看到一个巨大的三角形书架墙，借用了复式的坡顶，书架直通顶棚。

楼下的卧室收纳能力实在有限，她们只好换思路，用大衣橱拼成了楼梯盒子二楼部分的小屋，里面收纳一部分非当季的衣服。这些衣橱上面是一个小阁楼，人可以在上面玩耍、睡觉。

1 | 2 | 3 | 4

1、2 / 打开这扇楼梯盒子上的大门，是小朋友的藏宝屋，窗口开在一侧的楼梯上。
3、4 / 楼梯盒子在二楼的部分可以收纳一部分非当季的衣物，上二楼就可以看见通顶的书架。

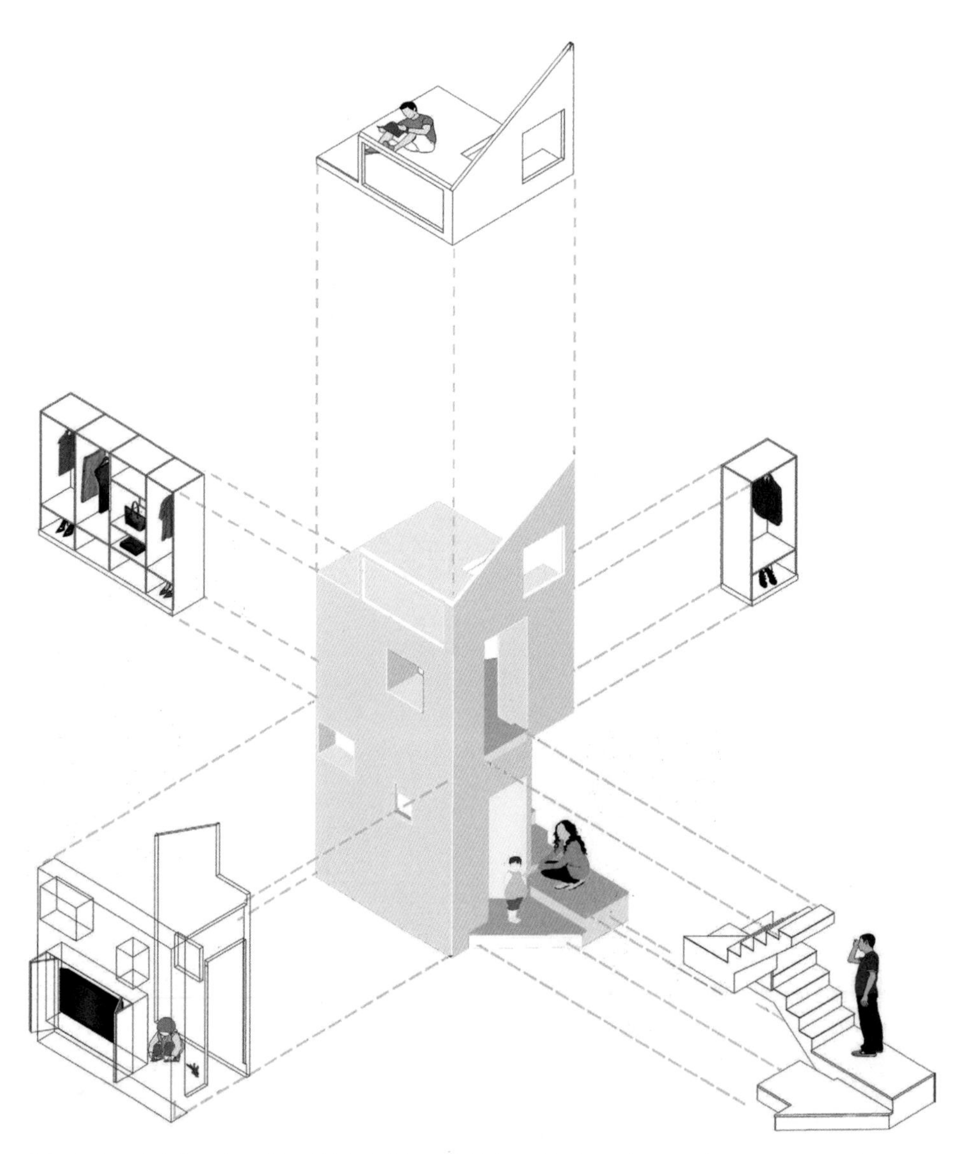

楼梯盒子是住宅的核心，除了连接楼上楼下，也是大人孩子的游乐园，还担负了一部分的家电和衣物收纳功能。

考虑到做饭实在是项艰苦卓绝的耗时行为，夏云希望做饭时一定可以同时娱乐，比如看电视或与家人聊天，如果劳动者孤独地在厨房战斗数时，实在是令人心酸。于是她们把厨房和起居室相连，吧台延伸到客厅，这样就可以边做饭，边无障碍聊天。

现在的半开放式厨房一面向内收入洗碗机、面包机、各种榨汁机、小家电、酒杯、碗碟、茶具、烘焙器具和厨房材料，一面向外收纳烤箱和咖啡机，这样的安排是因为狭窄的厨房实在装不下大型的烹饪工具了，但是厨房和客厅之间的“大洞”顺势成了早餐台，烤箱和咖啡机也能轻松在早上派上用场，同时这面朝向客厅的墙也变成了收纳空间。这对于原房型中可怜的长条形 mini 厨房根本不可想象。

收纳能力超强的厨房延伸部分，可以边做饭边看电视或无障碍聊天，也可以边烘焙。

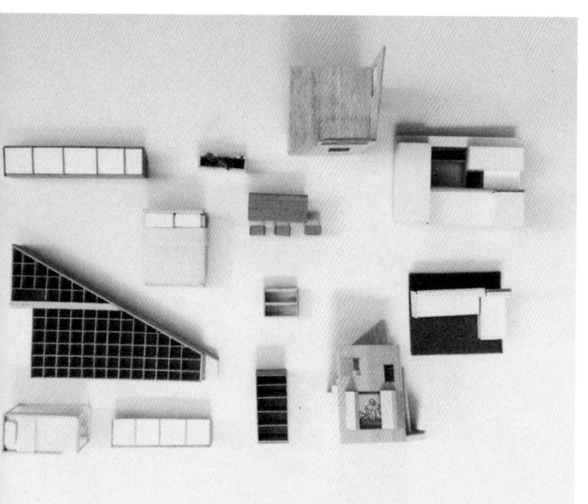

住宅的模型是大徐完成的，除了模型还有其他衍生产品，比如布偶三脚猫。

模型是用 pvc、榉木、巴尔沙木纯手工做的，无激光添加。模型制作过程中，曾经用激光切割过樱桃木的家具，但是终因为无法忍受烧过的痕迹，也不好打磨掉而放弃，改为手工切割。

1 | 2

1 / 孩子经常对着这段半完成品的楼梯模型照片，对照着现场的楼梯进行比对认知。
2 / 孩子也会需要自己的角落，不只是在阳光下奔跑。

家中有小朋友，夏云可不希望用围栏圈住她，“她一定可以乱跑，可以躲藏。很多情况下，孩子其实也并不总喜欢待在阳光明媚的地方，有时阴暗的角落倒是她经常栖息的地方。”夏云说。

孩子长大后也不该总躲在自己屋子里写作业，而是到爸妈的工作区，大家一起工作，和父母一起工作。孩子也可以在餐厅写作业，可以随意地坐在哪里看书，有自己的藏宝洞，有可以演戏的小舞台，“我们为她想得很多”。

夫妻俩都希望有明亮宽敞的工作室，二楼承担了这部分的功能。

在一层，宝贝女儿可以从自己屋里的高架床上的窗口爬出来，到达餐厅，这个窗口还能藏东西，还可以演戏。

因为夏云和先生都在大学教书，上课之余，大部分时间用来做专业上的设计创作，初期工作室暂时设在家里，所以家也要承担工作室的功能。

收纳是达成简单生活方式的关键一步。除了像众多家庭一样，家中的衣物和杂物随着时间成倍增长，工作室的模型材料，画材，作品，旅行中无节制购买的设计产品，大量的书籍都需要一个合理的归宿，因此二楼所有坡屋顶无法利用的高度都做了和墙体尽量一致的收纳。

不算家具和其他软装，这个改造用了 28 万元左右。同想设计过程，夏云说她从看了房就开始狂找案例。在工作室，几乎每天一边看日本的《住宅改造王》一边吃外卖。正式做方案用了一个多月，推敲过程的 SketchUp 模型接近上百个。有了比较中意的方案，就拿同家向孩子爸爸汇报。施工图主要是用 SketchUp 画的，跟施工的师傅主要也是用 SketchUp 图纸和计算机上的模型交流。

材料是夏云和施工监理一起去材料市场定下的。所有的材料运上没有电梯的六楼是一个挑战，所以当时安装了一个起重机。最后定下的方案施工监理之前没有类似的施工经验，不过他说并不复杂，对施工有信心。

孩子从房间
直接爬出

二楼所有坡屋顶无法利用的高度都做了和墙体尽量一致的收纳。

施工期间，夏云基本上每天都去工地，中间有几天出去度假，也要大徐去盯着。贴木皮、刷色、试色、上漆都要盯着，杜绝施工人员二次设计。由于定的瓷砖太小，中间工人几次罢工不想贴，加钱都不愿意贴……所以露台瓷砖是夏云和大徐带着其他同学在施工师傅的指导下，在烈日下完成的。完成之后发现效果果然比较参差不齐，索性都刷白了，算是挽救了一下。

现在看起来最令人满意的楼梯盒子其实在施工期间也遭受了严重的事故。由于工人改线伤到了地暖管道，在入住前的冬天发了一次大水，把二楼地板、整个电视机盒子淹了一半。夏云几近崩溃，趴在地上舀水擦地，眼泪都掉下来了，生了一场病。还好当时电视没安装，于是又重新施工中间的盒子。

施工期间纵使有很多泪与无奈，但是看到结果时的开心只有亲自动手之后才懂得。建筑师都爱折腾啊！

夏云 / 德国魏玛包豪斯大学建筑系毕业。目前研究花样和孩子玩，以及各类有趣事件。
徐文凯 /AHO 建筑硕士在读。热衷研习有的没的。
夏云成立了自己的工作室，叫作 KUBU，是德语里 kubus（立方体）的变形。

[李志颖]

喜鹊

8

地址	湖南省岳阳市詹桥镇新民村
面积	524 平方米
规模	砖混二层独栋
家庭成员	建筑师和父母

李志颖回老家待了整整一年，为了这栋平地而起的“婚房”。

“我们家那里习俗是结婚必须要有新楼房，2016 年妈妈为了让我快结婚，叫挖掘机把老家的房子推倒后打电话给我要我回家建房，我带着这几年的一些积蓄从杭州回家了，就这样在家里待了整整一年，为了这栋房子。”李志颖说起重改老房的缘由。

喜鹊的全貌，以及宅子周围宜人的环境。

李志颖毕业于环境艺术设计专业，对建筑单体其实没有太多实地的经验，但接受妈妈的任命，也带着对建房的冲动，他回家去盖房了。因为之前没有在工地待过，整个过程比他预期的要难得多，也长得多。

建房的过程中，李志颖是单枪匹马和工人一起推敲和尝试。“我父母对于建筑工程完全不懂，加上身体又不太好，几乎完全帮不上忙，同时我也不想让他们因插手太多而‘毁了’我的设计。”李志颖笑称。

房子取名为“喜鹊”，因为三楼炮台给人以喜出望外的眺望姿态而得名。

李志颖在设计理念上起初和家人的传统思维有很大的冲突：农村建筑内部流线大多太过直白：一进门就是一个空空的大堂屋，站在堂屋里，楼梯间、客房门几乎都能看到。为了规避这个特点，他想应该给访客在进入建筑的过程中以情绪上的变化。

村子里通向老宅的是一条蜿蜒的小路。

房子取名为“喜鹊”，因为三楼炮台给人以喜出望外的眺望姿态而得名。

一进门首先看见白墙，右手边是一扇月窗。

施工过程中的月窗。

转角后可以看见大院子和柱廊。

设计中一进门面对的是一面白白的墙壁，除此之外什么也没有。白墙右边是个木格珊装饰的月亮圆门，左边是一扇方形的、能看到室外草坪的大窗，这时人会本能地往右边的月亮门处走，走到尽头，一个90度视觉转角，映入眼帘的是在外面看不到、一般情况下也想不到的大院子和柱廊，瞬间有别有洞天的感觉。

在功能空间的设计规划上，李志颖的父母喜欢客房多，而他则喜欢公共空间多。“父母喜欢超大卧室，而我设计的卧室都只有12平方米左右，因为我一直认为当公共空间丰富了，有质量了，能满足你室内除睡觉以外所有的需求了，卧室就纯粹只是一个睡觉的地方了。”

农村一进门必须要有个大堂屋，虽然这样直白的表达不是李志颖的想法，但后来他了解堂屋在现代农村的作用主要是红白喜事请客摆宴席，就把车库、有玻璃顶的院子和娱乐室设计成遇到红白喜事时可以用来充当堂屋的临时堂屋。“这样灵活的设计下，堂屋比妈妈要求的堂屋面积要大很多，能同时容纳十八张大圆桌，家人很乐意，毕竟农村谁家能摆的桌子越多越有面子嘛！”

农村建房面积大，可是都是每层一到两个公共卫生间，几乎没有独立卫生间，为了得到更好的居住体验，李志颖在设计中让卧室大多都带独立卫生间。

没有公共空间的住宅不算是高质量的住宅，李志颖坚持在新房子里留出了未来的娱乐室和影音室。“房子这么大，公共空间不但要有而且还要多，多功能的影音室在我的设计范畴，即使现在没钱装，可以暂做客房用，以后有钱了再装。”

家里高处景色很不错，于是李志颖在三楼做了个类似炮塔的盒子，其中大面积的玻璃幕墙可以把远处的美景借进来。一楼挑高的客厅靠大落地窗的一侧也做了一个“观景桥”，为的也是借景。

建筑很现代，但是农村那些传统的基础功能空间一定不可少，比如猪圈、冬天烧明火和办喜事的灶房、农具房、原始的土厕所。

为了不让新旧产生视觉和体验上的混乱，设计前期就把这些农耕文化传统的功能空间和低矮的车库一起形成一个倒 T 字体块，同时车库又相对独立。这个倒 T 字形的小体块和 T 字形布局的主体建筑一起围合出了一个中央小庭院。

庭院上空有三分之一的面积（约 20 平方米）铺上间距为 25 厘米的钢筋混凝土横梁，横梁上有钢化夹胶玻璃顶覆盖。它既是一种装饰，晴天时顶部的横梁和月亮门处竖向格栅会随着太阳的移动轨迹呈现出不同的、有节奏的光影效果，同时也能起到桥的功能，连接主体二层和车库屋顶。

类似炮台的盒子方便家人不出户就能享受远方的美景。

一楼挑高的客厅靠大落地窗的一侧为了借景做了一个观景桥。

庭院上方的钢筋混凝土横梁连接主体二层和车库屋顶。

院子里有乔木、花草、水池，还有一面堆满柴火的景墙。以前李志颖家里过冬的柴火都是堆放在屋檐台阶下，下雨时就用塑料薄膜盖一下，为解决这个问题，他在院子里专门给爸妈设计了个柴垛，既满足功能需求，堆满柴时又是院子里的一道风景。同时院子也是村里人不论天晴下雨来家里拉家常最钟爱的交流场所。

院子里有乔木、花草、水池，还有一面堆满柴火的景墙。李志颖在院子里专门给爸妈设计了个柴垛，既满足功能需求，堆满柴时又是院子里的一道风景。

室内设计上，按李志颖的说法，“说实话挺乱的”，软装几乎都是网上淘的，但看得出也是精心选择了家具的样式和配色。

从网上淘来的软装看得出也是精心挑选的样式和颜色搭配。

现代的卫生间和家中软装的小细节让这个乡村老房青春了起来。

这一年过得又慢又快。

“在家建房子这一年是我过得最踏实最充实的一年。因为农村工人看不懂图纸，所以几乎每一块砖都是我看着砌上去的。因为图纸是自己画的，所以自己总不爱看图纸，总觉得所有细节都在自己脑海里，但事实并非如此。实际上我经常会忘掉一些东西，所以晚上要把第二天所有的细节全部想好并分条记录下来，每完成一个划掉一个，还要提前把所有接下来要用到的材料想好，并提前购置回来。

上
棋牌室
卫生间
客厅
餐厅
厨房
次入口
卫生间
柴垛
书吧
景观水池
柴垛
狗窝
游戏室
咖啡吧/水吧
柱廊
农具房
内院
入口门廊
伙房
绿化
主入口
车库/堂屋
猪圈
观景桥
架空中庭
卧室
卫生间
卫生间
下
游廊
过厅
卧室
机房
卧室
健身房
内院
阳光房
卧室
卫生间
卫生间
游廊
廊架
屋顶
书房/琴房
观景阳台
屋顶

首层平面图

二层平面图

楼顶平面图

“最麻烦的要数细小的五金件、灯具和开关插座这些了。因为地处偏僻，有时候仅仅是为了几颗螺钉我都要自己骑摩托车去5公里之外的镇上买，多的时候一天骑摩托往返镇上六七次。好些材料因为镇上没有，必须到岳阳市才有卖，经常半夜我还坐着拖货的三轮车和司机在路上边赶路边聊天。

“为了追求质量不知道和工人们吵了多少次架，更有意思的是，好几次砖匠师傅因为从来没见过我那种条形的小长窗居然罢工不干。

“房子装修快完的时候，我把下料时剩下的材料退到岳阳店里，过程中被货车师傅坑了一小下，还以武力相要挟，那时已是半夜，在一个漆黑无人的建材市场的小巷子里，我据理力争最后还是不得不妥协后，从那条巷子里走出来，突然热泪盈眶，那晚我独自一人沿着巴陵东路走了两个小时。”

但李志颖也说这一年很值得。

建造过程比想象的要难，要长。李志颖之前从没有在工地待过。不论和工人吵过多少次架，这一年的辛酸与成长只有他自己懂得。

在家待的一年，村里都是老人和儿童，没人说话，他就和狗说了一年。夏天的时候一个人经常半夜徒步离家5公里远的镇上，镇上也都关门了，又一个人走回来，这只狗一直跟着他，他给狗取名字叫“方案”。

陪李志颖待了一年的“方案”。

后来再和李志颖聊起，他说从环艺毕业转建筑方向其实很不容易，因为没有太多相关的实习或工作经验，没回家盖房之前自己的方案也经常被毙掉，这也是他想回老家完全按自己的想法盖房的另一个原因。

这个房子虽小，但在他从图纸到采购再到最后设计落地之后，整个过程的经验却被很多公司看中，即便跟设计院动辄上万平方米的项目相比这个房子小到简直不值一提，但令他意外的是盖房之后的面试都顺利过关，也许是“喜鹊”在报喜呢。

李志颖/90后湖南人。2013年环境艺术设计专业毕业，毕业后从事建筑方案设计工作。

第三部分

建筑师的设计试验田

[隆文超]

茶饮居

9

地址　重庆市嘉陵江畔
面积　89 平方米
规模　公寓楼 29 层端户
家庭成员　隆文超和女朋友

一束光带给主人的惊喜被长久地定格在家中。

住宅最终呈现的样子很大程度上取决于主人想要有什么功能，但隆文超的房子或许是个特例，功能性并没有在第一时间进入他的考虑范围，反而是感官带给他更多设计上的思路和灵感。

第一次看到他自己对住宅的介绍时，我迷失在了一连串的时间节点中，日光的轨迹竟然被精确到了分钟，此时与彼时光线强度和色相的变化直接主导了各个空间的设计，偶然间的一束光带给他的惊喜也因此被定格在家中，以至于生活中每当到特定的时间段，就可以重温自己精心营造的片刻感动。

2014 年秋天，隆文超从上海回家乡重庆休假，在市中心嘉陵江畔游玩，看到缓缓流淌的嘉陵江水和岸边层层而上极为独特的城市天际线后，便想在这里安家，于是在江畔买下了这套房子。

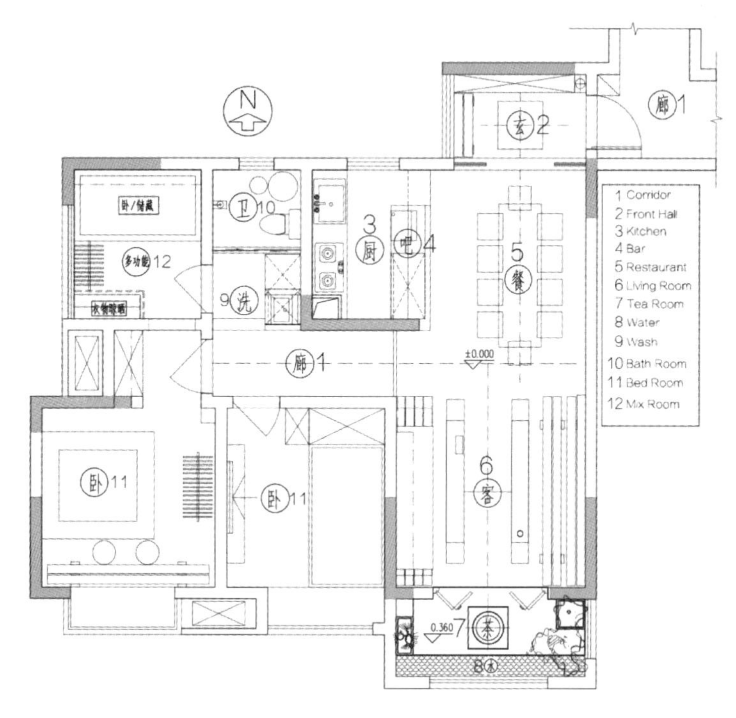

小隆先生家的平面图

重庆嘉陵江畔。

房地产的疯狂兴起，让每座城市诞生了数量惊人的高层住宅，这些高层住宅由无数以套型为单位的居所组成。然而设计师圈和朋友圈火爆的大多是一些低层有天有地有院子的居所或者爆盖民宿之类的案例。

当一个居所被挂在 29 楼，它没有了院落，我们回家不再是走过花园或是穿过回家的小路到达居所，而是从 1 层升到 29 层的电梯出来，穿过消防前室无聊的通道去打开那扇自己家门的时候，我们应该怎么打开它？打开它后，里面应该是什么样？我们该如何把这样挂在高处的混凝土盒子建成自己理想的居所？

隆文超的家是公寓楼 29 层的端户，动手施工之前，他对自己的家做了很仔细地分析：一条走廊，三个盒子朝南，两个盒子朝西，两个盒子朝北，它的日照轨迹决定了从清晨开始首先获得日照的是南向三个盒子，15 点到 18 点是两个朝西的盒子。

当研究完它的日照轨迹、光线强度、色相、音乐引导性以及功能，隆文超几乎很快就定下了所有空间之间的秩序关系和节奏，以及单个空间的场景、行为、可能性、氛围、照明、质感和材料。

走过 29 楼封闭的走廊，推开居所的大门进入第一个空间，是北侧朝西那个最小的空间，它接受日照的时间在下午 3 点至夕阳西下，暖色的光线向金色变化，色温柔软，色相极美。隆文超并不希望直接面对原空间朝西的巨大采光面，因此试图对空间的受光面和轮廓进行相对的裁剪，它的轮廓从一定程度上决定了空间对于西面视线的感受。

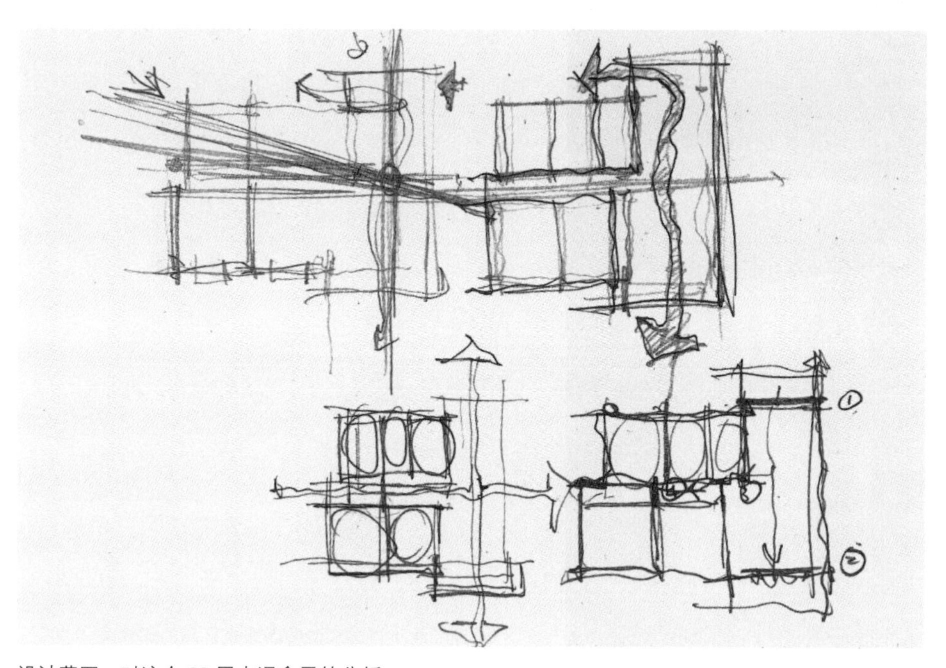

设计草图：对这个 29 层水泥盒子的分析。

希区柯克的电影《后窗》中，主人公摄影记者杰弗逊在自己公寓窗口正是使用圆形望远镜观察周边街区、城市、建筑以及人的关系。在这种圆形望远镜的观察下，画面似乎像被过滤过，有一种往后退的倾向，而圆形镜框对里面的画面相对有先入为主之感。这个空间西侧是对面楼栋山墙面和零碎的城市画面，隆文超希望利用白底的圆形遮罩先入为主地对它进行一定程度的虚化，但相反站在室内圆框面前对外它又有一种束缚和窥视快感的双重感受。

15 点 20 分之时光线投射在白色整体柜门及地面，与大空间南北轴线相交，因此地面的材质隆文超选择了抛光过的石材来折射进入空间的光线相交并形成 V 字形成为轴线起点。

为了避免一进门迎面而来的巨大采光面，主人设计了一个圆形遮罩框，有些中国绘画格局的形式感。

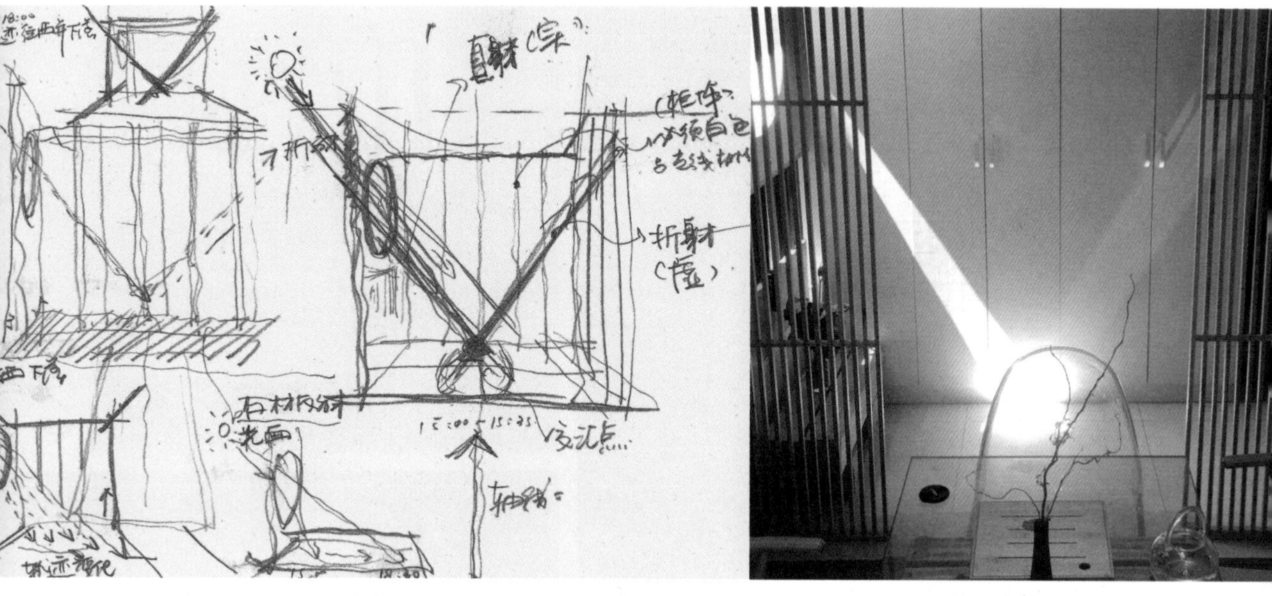

1 | 2

1 / 设计草图：光线从 15 点开始通过圆框进入空间。
2 / 15 点 20 分光线投射形成了 V 字形。

17 点之后，夕阳西下，落日余晖通过白底圆形遮罩框进来的时候，光线的柔美度达到极致。光线穿过圆形遮罩框投射的轨迹映在虚隔及墙上，日光生成月面的对话场景。

光线成功地塑造了它的形态。而此时圆框与落日及退晕在某种时空和距离下达到高度融合与包含，将人的视线拉向远处群楼天际线与落日的交汇点。而人，陷则进入某种思考，抽则身体和心绪接受多重维度的美和放松。

从灰空间开始向左转，与南北通的大空间相接，它们的关系必须自然相接，所以拿掉了原来的门窗，以对称的虚隔拉通整个南北轴线，从人视和人体工程学来讲，视线 1.6 米左右高度的水平线，将整个空间切分成视平线以上和以下两个空间层次，视平线以上是空间和光线的虚空，视平线以下的空间主要以家

圆框在不同时间呈现出的效果以及室内光线的变化。

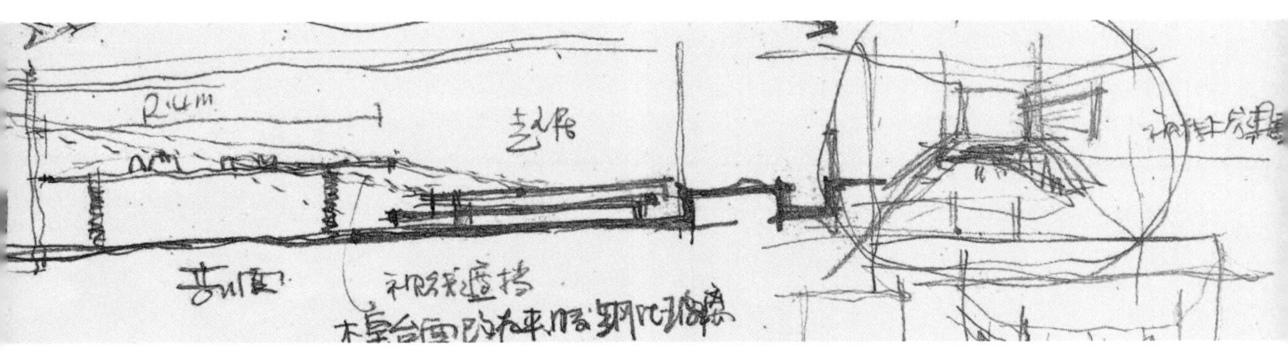

设计草图：从人体工程学的角度将空间切分成视平线以上和以下两个层次。

具来进行组织，从居所定义南北轴线上的空间，要为居所人准备关于用餐、处理工作、影音、泡茶、交谈、休息、读书这些常规居住行为更好的体验，而空间加上一张 2.4 米的多功能大桌完美地解决了泡茶、用餐、习字、工作等。

隆文超发现，在人体工程学的尺度上，站在玄关空间望去， 2.4 米长 0.75 米高的大桌，会遮挡部分起居空间 0.75 米以下的家具空间，两个空间本已合在一起，家具在视线上再重叠便完全模糊了界限。于是将大桌的台面采用了透明的夹角钢化玻璃材料，从视觉上解放了空间，同时桌面上的物品给人一种漂浮的错觉。

去除睡眠时间，起居室是人在居所里待的时间最长的空间，在各个时期和时代，壁炉、电视、祠位在很大程度上确定了这类居所空间的格局以及人在里面的行为活动。但在今天，电视已不再是我们的必需品，我们可以运用灵活的媒介来满足对影音活动的需求。在居所里，交流是面对面而不是共同面对一堵墙上的屏幕，这回归了人最初居所的行为体验。

当空间再往南推时，光线透过阳台进入起居室，隆文超问自己：“我站在起居室空间望向阳台，开始恍惚和错乱，感觉好像进入居所的方向不对，我是怎么走进居所的？”

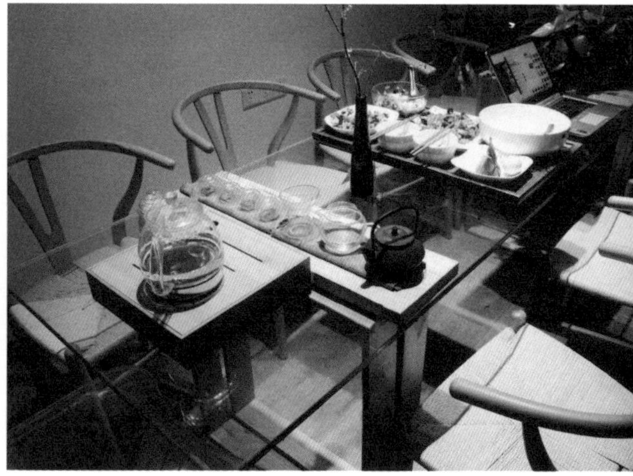

1	2
3	4

1、2 / 多功能大桌解决了泡茶、用餐、工作、习字等日常需求。
3、4 / 客厅的中心不再是电视和沙发，面对面交流取代了传统客厅中的单一媒介。

记忆开始倒退回过去的房子或者合院。“从前我们喜爱的那种方式从现在的空间格局来看，我们不是应该从阳台外面的小路或者花园穿过阳台进入起居室吗？然而现在阳台外面是 29 层高的虚空，并不是庭院或者回家的那条路了，我觉得自己陷入了慌乱。”

想起儿时父亲为他建造的那栋三开间老宅，居中开间的起居室，我们俗称堂屋，朝南的整个立面是由两扇原木大门加上两边玻璃与榫卯结构木隔断组合而成，全部由手工精心打磨而成。少年之时，他常常站在堂屋朝那个立面通过开启的两扇大门遥看外面的吊脚檐和远山，两扇大门下檐的基座抬高了 36 厘米，那时的隆文超从外面要努力地抬高脚才能进屋。

想到这些，隆文超在草图中的起居室和开敞阳台之间的立面 36 厘米高度的位置慌乱地划下了一条水平线，顿时发现原来立面上门的下端被那条水平线切了 36 厘米之后，门的定义被模糊了，它似门似窗，草图上的空间和老宅的空间居然出现惊人的相似，包括站在内部看外部世界的角度和范围。

记忆中的堂屋和新居中被主人抬高的开敞阳台。

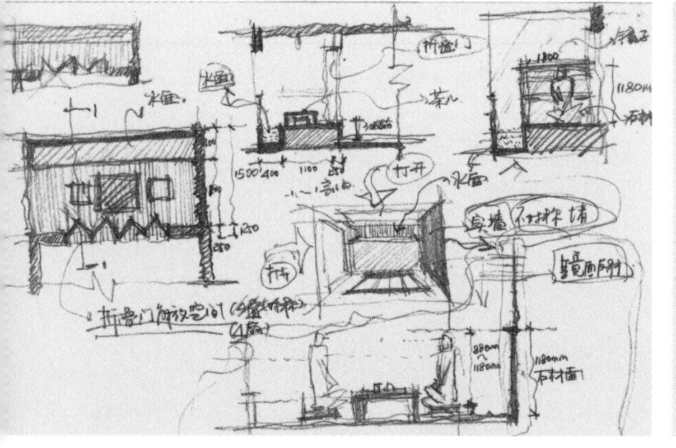

设计草图：被抬高的阳台成了一方天然的茶室，可供两人对坐饮茶。在主人的构想中，这里也是冥想和眺望江景的好地方，同时实现了儿时对“门槛”的怀念。

“我顿时明白那条慌乱的水平线应该是潜藏在自己心底根深蒂固的一道门槛。无论儿时还是成年，无论我的视平线在哪个高度，那抬高的 36 厘米从某种程度上早已定义了我从内部世界了解外部世界的另一种意义。”隆文超感叹。

继而他发现在 36 厘米高度的水平线上自然地形成了一方天然的半室内半室外的茶室，作为一个近十年工夫茶龄的建筑师，这个空间对他来说意义非凡。

隆文超有近十年的工夫茶龄，家中的临水茶台对他来说意义非凡。

于是隆文超开始梳理这方天地。1.5 米进深的原阳台，除去墙体，净宽只有 1.2 米，将推拉门变成折叠门后与老宅的开启方式一样，全开时，真正意义上模糊了室内和室外的界限，同时它解放了墙体 0.25 米厚的空间，空间的总进深变成 1.45 米。真正进行茶道之仪时，两人席地而坐，方可保持高度的专注度全身心沉浸其中。因此平面尺度必须有节制，1.05 米已足够，他便切下平台外侧剩下 40 厘米的进深，设置了一个宽 0.4 米低于平台的水面，于是茶台便可临水。

空间东、南两面与纯外界保持开敞，西面为实墙面，在控制平面尺度之下，进一步拓展空间的延展性。西面的实墙采用了镜面，但是这样它对于整个空间的映射过于直白，并且空间中的自我在镜面下将无处躲藏，从哲学的层面上，当你过于放大自我的时候，你面前的世界可能出现一定程度的不稳定性，因此当自我或是空间里的两个不同的个体在映射出镜像自我的时候，个体精神和专注将受到直接影响。

从茶道活动行为及人体尺度来推论，身高 1.55 ~ 1.80 米席地至头顶部含蒲垫高度在 118 厘米，于是西立面上他用石材贴出一个高 118 厘米乘宽 80 厘米的面，与人席地而坐的范围进行一个重叠，对自我的个体进行隐藏，个体除了无法可视自我，但却可以彻底地感受南立面、东立面以及西立面中除石材面之外镜面镜像的纯外部空间。达到处方寸之地，却可感受周围巨大的空间和世界。

日本茶道的空间更多的是从外部世界通过极小的入口俯身爬进封闭内部空间进行茶仪之道，但我们的区别在于从古至今人们更喜爱面对自然、山水和外部世界。

走廊联系着所有更私密的静区空间，它只能通过间接采光。

对于南方两梯多户的高层住宅，它的端户意味着西面的可能性。隆文超封掉了西北角西晒最强烈的多功能室朝南开向走廊的门，原开门朝向的走廊区域划为主卧之内。在多功能室空间东侧的墙上打开一扇门，让日光穿过多功能室以 60 度左右的夹角进入，激活整个走廊。

设计的过程他画了大量的草图，图纸除了平面设计图用 CAD 绘制，其他图纸只停留在设计草图阶段。施工之前隆文超开始把草图在计算机上生成模型、立面图和节点图，但是父亲老隆先生看了说没必要。老隆先生年轻的时候学过手工家具，那时都是师傅手把手和用更简易的草图来教，后来他带徒弟也是这

家中的细节。

种方式。

事实是这种草图加口述说明的方式在小型项目建造中很有效，父子两人每天晚上沟通第二天的施工内容，白天老隆先生就在现场监工，最终他们在这些设计草图的基础上完成了整个施工。

除了家中的几把丹麦Y椅，其他家具几乎全部由父子俩自己设计。那座老木茶台原是老隆三十年前手工打造的一张传统的木火盆，造型和工艺都相当精美，三十年后小隆将它重新打磨变成了一座茶台。“也许与我而言，这是一种父子间的传承或者匠人情感的延续，是一位传统手工木匠与一位建筑师的完美交接。”小隆先生说。

老木茶台原先是老隆先生三十年前手工打造的木火盆，现在被小隆先生改成了茶台。

令他惊喜的是，最后施工完成后，长长的光束映射到走廊后并未就此停止，而是随时间的推移沿地板向起居空间方向前进，投射到居所最东边的白墙，直至日落方渐渐散去。

“我常常下午待在里面，惊叹于它的美妙，那奇妙的日光激活了走廊，同时也为起居空间带来一种活力、灿烂和温暖，它是如此美好！”

隆文超 / 昆明理工大学环境艺术学院。曾供职于筑原设计事务所、UA 国际。创立大晓建筑设计事务所。

10

[阮晓舟]

自宅小园

地址	上海市
面积	50平方米室内+10平方米小院
规模	底层住宅附带院子
家庭成员	一家三口

从月洞门可以看到洁白的阳光房。

在家中有月洞门，坐卧读书，好生惬意。这种悠哉的体验说的就是设计师阮晓舟的家。

设计师阮晓舟在上海有处 50 平方米的底层住宅，附带一个 10 平方米的小院子。50 平方米在空间上容纳一家三口的生活起居并不宽裕，对于收纳控来说做成 3 ～ 4 倍的面积其实并非难事，但阮晓舟没有这样选择。

“这是我对小空间的理解，我希望的是灵活，而不是收纳。”阮晓舟说。

他的家更像一个园林体验空间。这也是送给刚出生孩子的第一份礼物，送给孩子一个特别的童年。希望孩子自己去寻找，自己来创造。

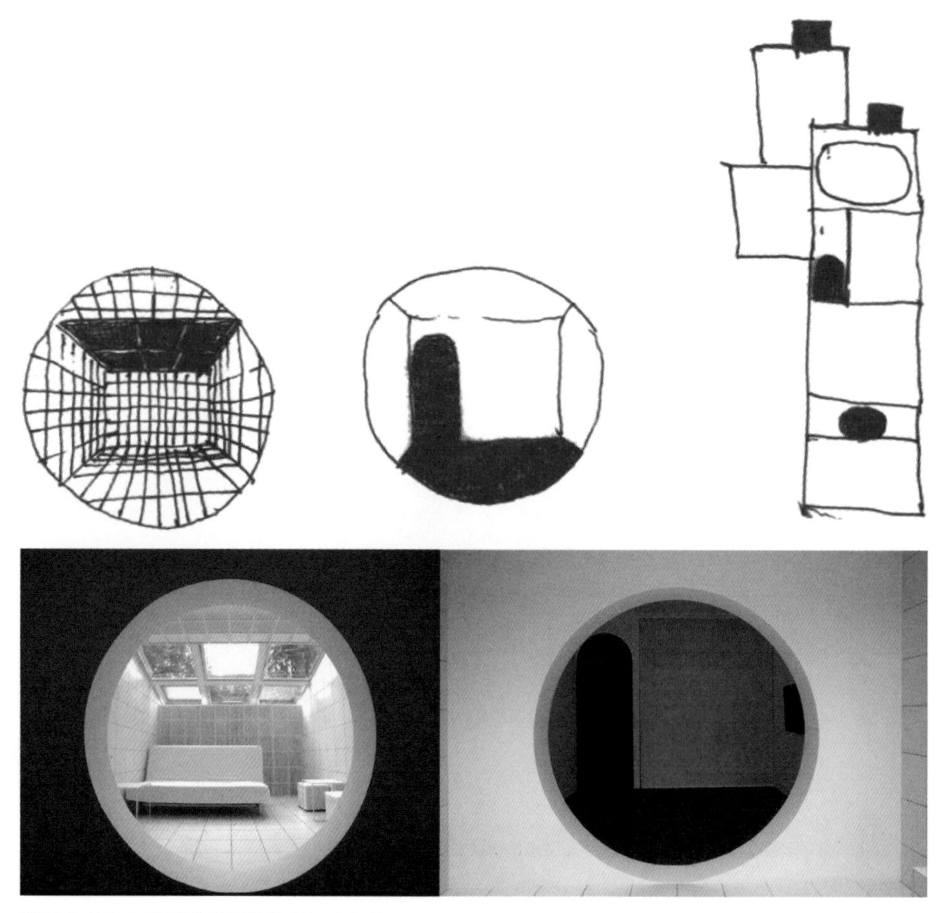

设计手稿和最后呈现的圆洞效果极为相似。

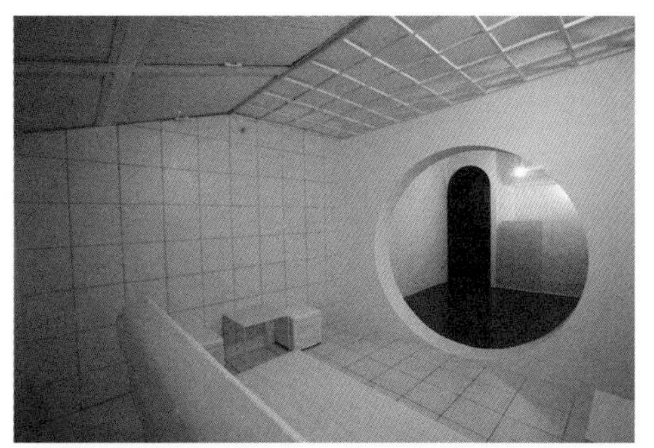

1 / 阳光房内景。
2 / 从阳光房看向居室内部。
3 / 从连接儿童房和其他房间的黑板过道看向阳光房。
4 / 儿童房与换衣间之间的隔断。
5 / 从换衣间看向儿童房。

手稿中有两个圆圈，第一个圆圈代表玻璃外的景，第二个代表活动空间。观看的角度不同。

手稿最右边的一幅，黑色代表空间中最具体验性的部分，北侧两个凸窗，一个可以坐卧，一个用来放置物品。中间一个弧形黑板墙，带来趣味的双方向黑板的体验。南面是个月洞门，可以坐卧读书，可以造景。

在内部空间的处理上，阮晓舟摒弃了门（其实也大大降低了装修成本）。没有门也就意味着没有明确的界限，重新塑造了生活流线。

房间内部没有门，各个房间其实没有明确的界限。

“也许孩子就住几年，但是这个没有门的园林空间能给他很多美好的回忆。我不想告诉小孩的是，隔壁邻居家的空间很大，我们家小，我想告诉他的是，不论面积大小，我们的家也是很幸福很有趣的。”

通过创造路径和大量软隔断处理，阮晓舟让家里实现了半开放的体验。

完全将储藏空间让位于活动空间对于家庭的基本需求来说并不实际。阮晓舟巧妙地利用院子中的构造柱、顶棚等位置做了固定式的收纳，辅以其他地方外露式的灵活收纳，解决了家中最实际的问题。

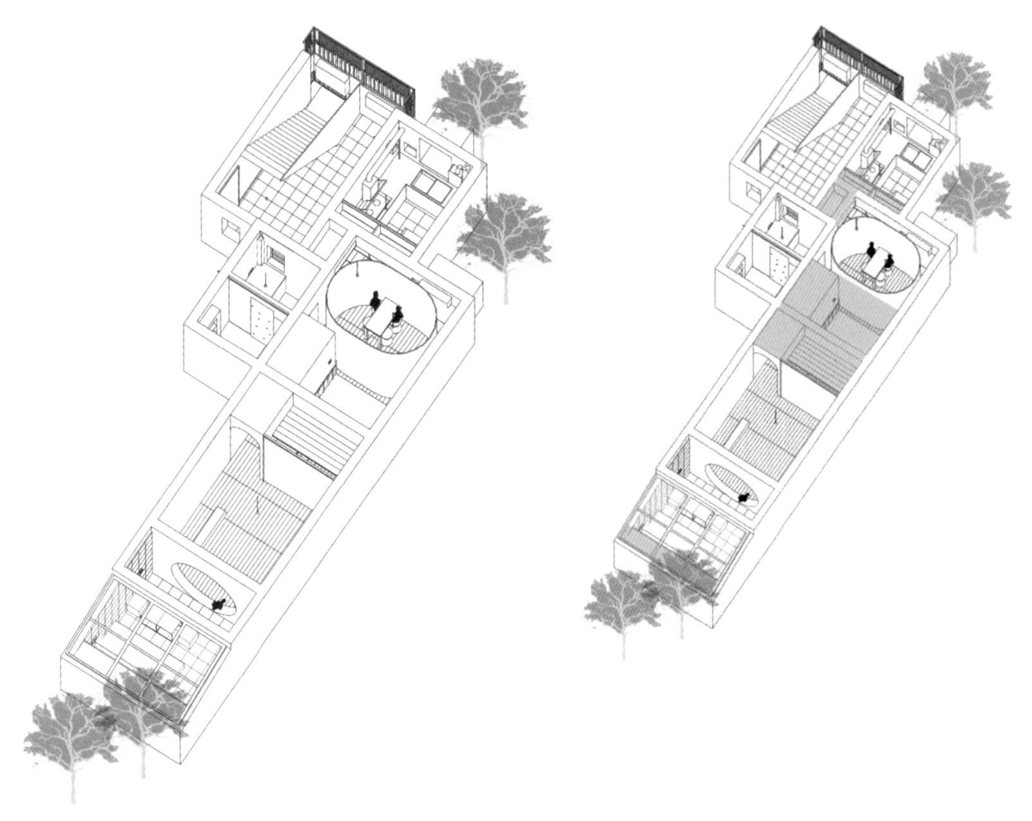

阮晓舟家示意图，右图高光的地方是收纳的区域。

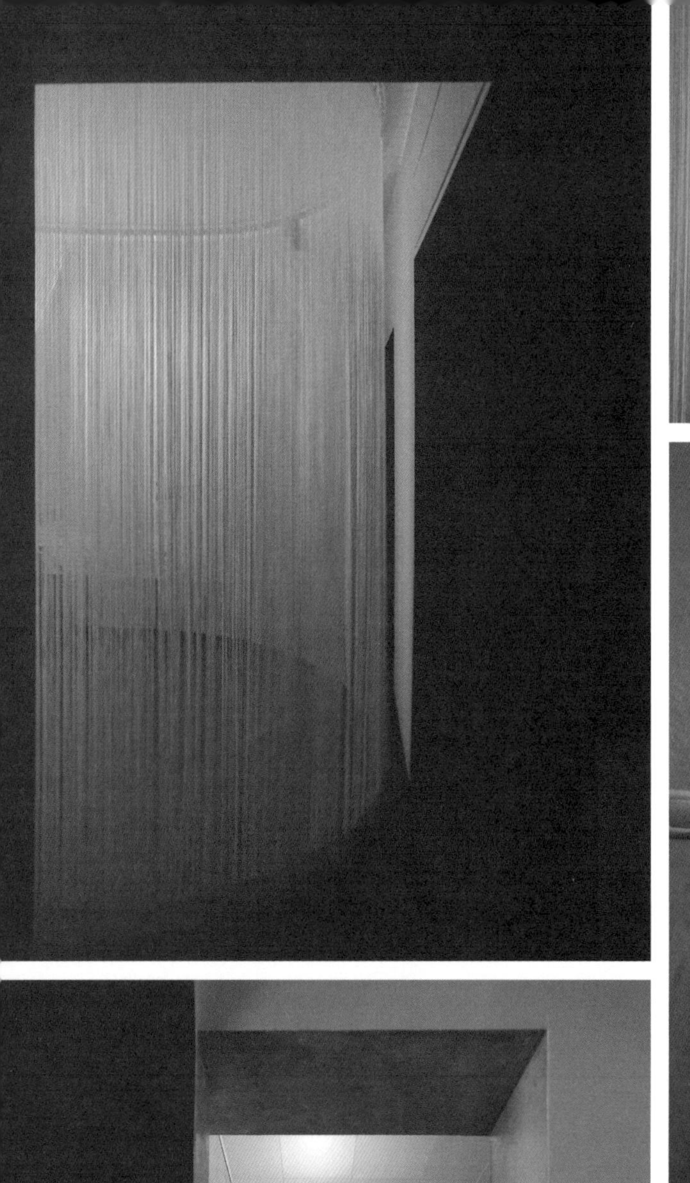

1 / 厨房空间
2 / 卫生间
3 / 从餐厅看向读书凸窗
4 / 从卫生间看餐厅
5 / 从厨房看餐厅

阮晓舟说做自宅的时候加入了很多个人情感，对很多事情进行了批判和挑战。

有宝宝的家庭都偏爱木材，一方面环保，另一方面也因为木材显得温暖。但是阮晓舟觉得木材虽好，但质感相对无趣，看多了还有可能心生厌烦，所以在设计中虽然柜子都用杉木板搭，但是基本都看不见，只有使用的时候能感觉到。“我欣赏木材的触摸质感而不是视觉效果。”

阮晓舟的家也没有背景墙和吊灯。“我用的灯是最便宜的裸灯，买合适的护眼灯就能点缀整个空间了。”

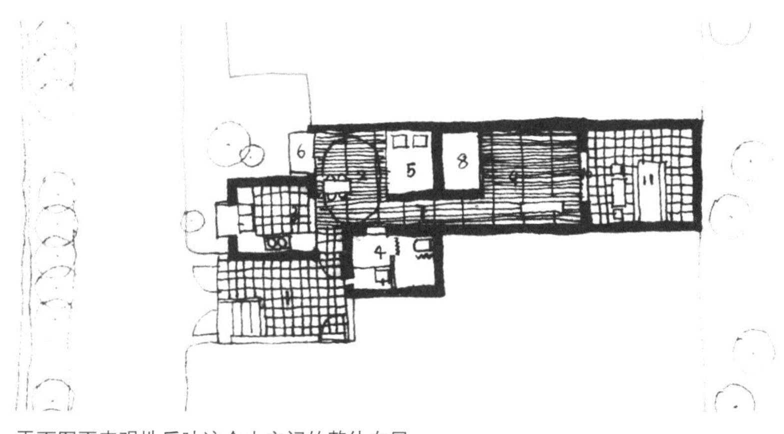

平面图更直观地反映这个小空间的整体布局。

自宅最终的形态其实很真实地反映了设计师自己的价值观和设计追求的初衷。小房型的解决方案不止一种，可以像我们在电视节目里看的那样像变形金刚，也可以温柔地“倚小卖小”。

阮晓舟 /1986 年 7 月生，建筑学本科。曾就职于张雷联合建筑事务所、美国 pure 建筑师事务所。2013 年成立个人设计工作室。

11

[王承龙　刘凌晨]

W House

地址	北京市通州区台湖
面积	285 平方米
规模	局部三层的混合建筑，兼顾办公和自住
家庭成员	年轻的建筑师夫妇
造价	3500 元 / 平方米（包含简单的内装）

用木结构搭建的 W House

一层办公，二层自住，大概是独立设计师理想的生活工作环境，如果这个空间能完全按照自己的心意完成，自然是更完美的。

王承龙和刘凌晨的房子就是这样的。他们共同创立了 SLOW Architects（Studio of Liu and Wang 首字母的错位组合）。2010 年，常年居住美国的业主要求他们建造木结构的 M House 周末别墅，他们开始了对木结构的了解和研究，那也是他们的第一个木构建筑。随后的一次建造机会，成就了他们现在的 W House，建筑师自己的房子就用自己的姓氏“王”来命名啦。

这栋房子盖在北京市通州区台湖，是利用位于工业厂区内的一个单层平房改建和加建而成的。巧合的是，宅子在建设过程中厂区内就有一家结构施工厂家，使用木结构搭建非常方便，所以 W House 顺理成章地也用起了木结构。

二层住宅区的厨房。

窗户的设计对视线起到了调整，在居住空间内几乎看不到凌乱的厂区，主要景观变为隔壁的果园。

宅子的一层用作工作室和木工房，二层和阁楼是主人的居所。因为房子是针对设计师自己的需求设计的，所以总体来说作为自宅优点很多。比如居室空间和工作室分层组织，既相互联系也有区分。

从平面图可以很清晰地看到，首层安排了通联的工作区域和工作厨房，二层和阁楼囊括了起居室、卧室、餐厅、居所厨房，卧室连着一个不规则的小露台。这样的安排使得居室避免了外界的干扰，同时拥有很好的景观，高大开放的空间也很符合他们夫妇对住宅和工作空间的期待。

考虑到基地周围的环境比较凌乱，首层被设计成不怕打扰的工作空间。出于安全考虑，主要面向厂区内部，对外的一侧较为封闭。居住功能放到了有较好景观条件的二层，使得厂区内的凌乱被暂时屏蔽，阁楼和屋顶平台处的视野内尽是果园的苍翠。

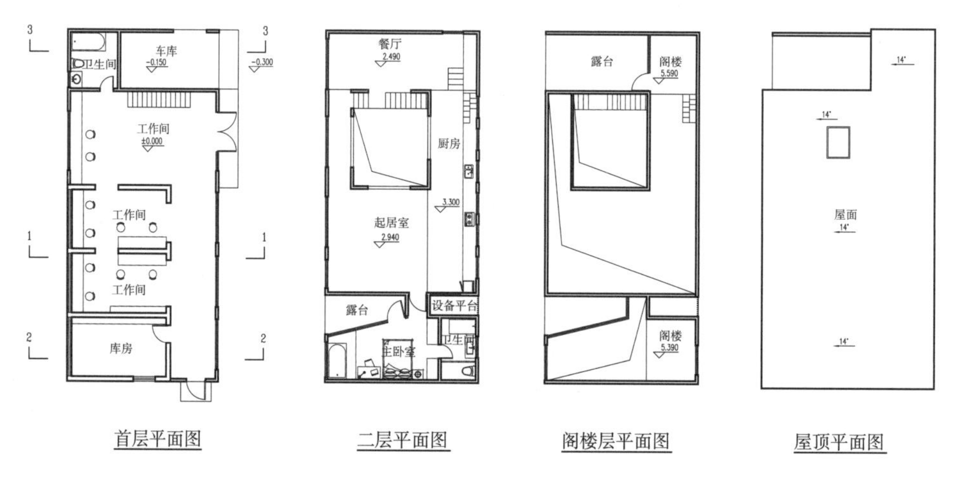

W House 各层平面图

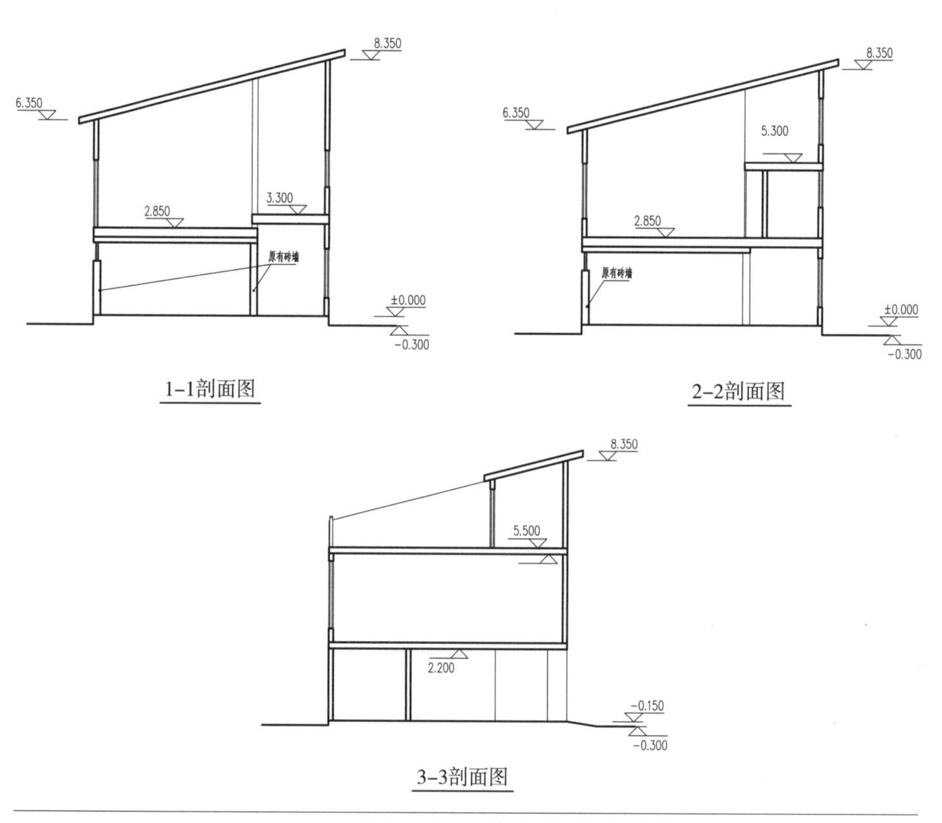

平面图解读

阁楼和屋顶平台处看到的景观没有了厂区的凌乱，而是果园的苍翠。

这个房子的进深很薄，保证了通风效果。北京闷热的夏季他们都基本不用使用空调，除了下午一小段时间居室空间由于西晒比较热之外，太阳下山后就变得很舒适。木材的亲切感也使内部空间感觉很宜人。

房子原先的结构是砖混单层坡顶。王承龙他们把原来的坡顶去掉，利用原有的墙体和新加的轻型木结构墙体，加建成了一个局部三层的混合结构建筑。

轻型木结构本身是一个现代体系结构，它并不一定会使建筑空间和其他结构形式截然不同，或者一定呈现出类似传统木构的空间形式。比较特别的地方可能是他们暴露了内部的结构，把它作为书架使用。

W House 的建造过程。

暴露的内部结构做成了书架，在房间中随处可见，中庭挑高的部分最为密集地呈现这个特点。

居住空间的不同功能被划分为几个平台，围绕挑高的中庭螺旋上升，从餐厅至起居室、开敞厨房，最后到阁楼和露台。平台间的高差采用了坐高，使一些台面既是地板又是座席，可以自然地席地而坐。加上开窗设计对视线的调整，坐在居住空间内几乎看不到凌乱的厂区，主要景观变为隔壁的果园。这些设计为生活空间营造了轻松自在的氛围。朋友来访时，大家在面对果园的起居空间里随意散坐闲聊，到别人家的拘束感被建筑空间有效地消除了。

挑高的中庭，不仅设置了栏杆，还设置了开大洞口的围合墙体。这样的做法既有强化结构的作用，也有空间上的考虑。有了这组围合的墙体，室内空间不再一眼望穿，而是形成了更为丰富、既分隔又连通的空间层次。

现在这栋房子一层是他们的工作空间和木工房，建筑设计和木工产品的设计打样都是在这里进行的。

二层和阁楼囊括了起居室、卧室、餐厅、居所厨房，卧室连着一个不规则的小露台。

从二楼看向一层的工作空间。

王承龙 / 国家一级注册建筑师，多伦多大学城市设计硕士，清华大学建筑学学士

刘凌晨 / 国家一级注册建筑师，多伦多大学城市设计硕士，清华大学建筑学学士共同创立 SLOW Architects 工作室。

第四部分

自在栖居

[黄全]

闹市伊甸园

12

地址 上海市
面积 280 平方米
规模 花园别墅
家庭成员 建筑师和妻儿

带不走阳光和海滩，黄全就给家人建造了一个闹市里的阳光绿意之家。

如果说没有时间前往的都叫作远方，那么每个被用心设计的家里，大概都融入了主人对远方的期待。

事业的繁忙似乎永远与生活对立。带不走海岛的阳光和沙滩，只好在闹中取静的市区修筑自己的伊甸园。黄全说："相比逃离城市，我更愿意构建一个远方般舒适的家。虽然不能面朝大海，但还是希望能伴着春暖花开。

开阔泳池，石子步道，通透采光，树丛掩映，绿意芬芳，黄全的家满足了一个都市人对惬意生活的想象。

黄全做过很多商业地产项目，被电视剧《欢乐颂》和《我的前半生》带火的安迪和贺涵的总裁办公室也是出自他的设计。即便对无数种风格材料熟稔于心，在面对自己的家换位成了男主人的视角时，他选择用留白诠释丰富，将风格让位于舒适。整个空间既包裹着猛虎丛林般的冷峻，也暗藏了细嗅蔷薇的温柔。

面对自己的内心和家人的需求，住宅的设计其实呈现的是你希望拥有的生活方式。开阔泳池，石子步道，通透采光，树丛掩映，绿意芬芳，黄全的家满足了一个都市人对惬意生活的想象。

入门即是玄关，塑造了一个从工作到家空间转换的感觉。黄全为身为服装设计师的妻子设计了两个步入式衣帽间和一个大鞋柜，妻子将衣物、鞋帽、配饰按照色彩进行陈列，充分体现了她对美的敏锐触觉。

入门玄关处，黄全给妻子设计了步入式的鞋柜。

客厅是全家人最喜欢的地方，沙发高低错落，很适合小朋友玩耍。

对于黄全来说，只有最干净的底色，才能拥抱生活的诸多可能。在家这方生活美学空间里，人与物的互动是为了达成家的情感连接，他希望通过对每个细节的设计用心述说对家人的浓浓爱意。

一楼客厅是全家人最喜欢待的地方。这里摆放的沙发出自意大利 reflex 品牌，高低错落，矮的地方有点像榻，很适合小朋友在此玩耍，也便于亲子游戏和互动。

在空间功能划分和尺度把握上，家人的需求自然成为重要的设计考量之一。一层开阔通透，客厅、开放式厨房、餐厅没有做硬性的区隔，而是在一个完整的空间内融入生活的不同场景。

功能灵活划分、喜爱的家居单品的引入，所有看似美而无用的部分都让度日的每个闲暇有了值得期待的风景。而身处其中的人、变化着的生活场景、包围身侧的爱的影像，鲜活地存在着，以至成为家中主人善待日常的温馨证明。

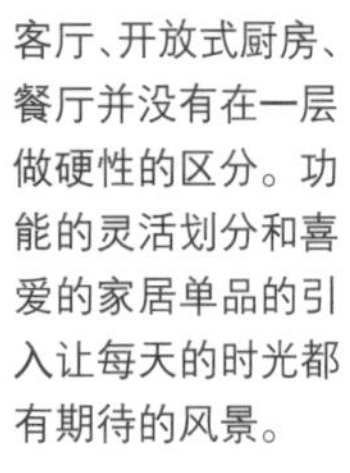

客厅、开放式厨房、餐厅并没有在一层做硬性的区分。功能的灵活划分和喜爱的家居单品的引入让每天的时光都有期待的风景。

黄全喜欢将收藏的当代艺术家作品融入家居空间，在与晨曦光影和艺术品的互动里感受美对日常生活的滋养。“每天早上八点半左右，楼梯间的窗户正好会有一束光打在雕塑的脸上，艺术品与人、人与光线在这个家中、在某个特定的场景里产生了联系，那种祥和安逸的氛围让我觉得特别美好。”在黄全看来，这也是家中让他觉得最舒服的场景之一。

“我喜欢旅行，旅途中所感受到的异域文化也会成为设计的灵感。而家应该是能让人卸下所有疲惫的轻松所在，因此希望在家中延续度假时的轻松氛围。”客厅中很多陈列都是设计师在旅行中淘来的。比如来的 19 世纪英国乔治二世时代的装饰柜，来自迈阿密设计师家居品牌 Serge de Troyer 的鱼皮餐椅，西班牙的 Girones 地毯等。

家中收藏的当代艺术品不是束之高阁，而是就在恰好的位置滋养日常生活。

起居室与儿童房采用了丛林主题的壁纸和装饰画增添生命感，激发小朋友探索自然的好奇心。

充满童趣的小家具。

开放式厨房一侧的玻璃门可以完全打开，连接用餐区、露台和泳池，黄全喜欢在开放式西厨中享受中烹饪的乐趣，或看着妻儿在花园里玩耍，晴朗时还可以和家人在户外暖阳的包围中享受美食。

空间硬装以黑白灰打底，通过冰凉的钢材、大理石、墙漆、金属饰面堆叠出不同质感的灰色调，既延展了空间，也为后期调整提供了许多灵活性。

身为服装设计师的妻子更爱高饱和度、活泼鲜亮的色彩，因此黄全在二楼软装的选择上融入了更多明亮的色调，并在与人直接接触的部分使用了温暖织物和易于亲近的材质，起居室与儿童房则因丛林主题的壁纸和装饰画增添生命感，足以激发小朋友探索自然的好奇心，处处体现了对爱人、孩子的爱。

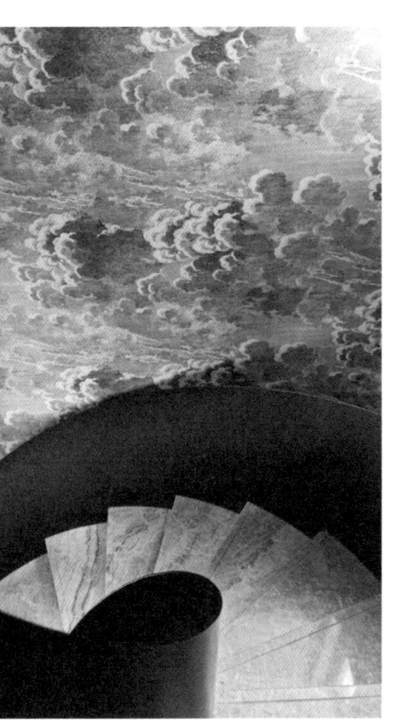

通过楼梯来到二楼，与一层的颜色相比，二楼的软装有了更多明亮的色调。

在黄全看来，空间格局、家居单品和艺术品的一次次调整和丰富背后是空间主人心态变化与孩子成长轨迹的投射。“随着孩子一点一点长大，我们的生活需求和对美的理解也会慢慢发生调整，这个家的样子还会持续地产生变化。”一个生长着的家，既要有积极拥抱生活变化的宽容，又能记录家庭记忆不断丰满的时间足迹。

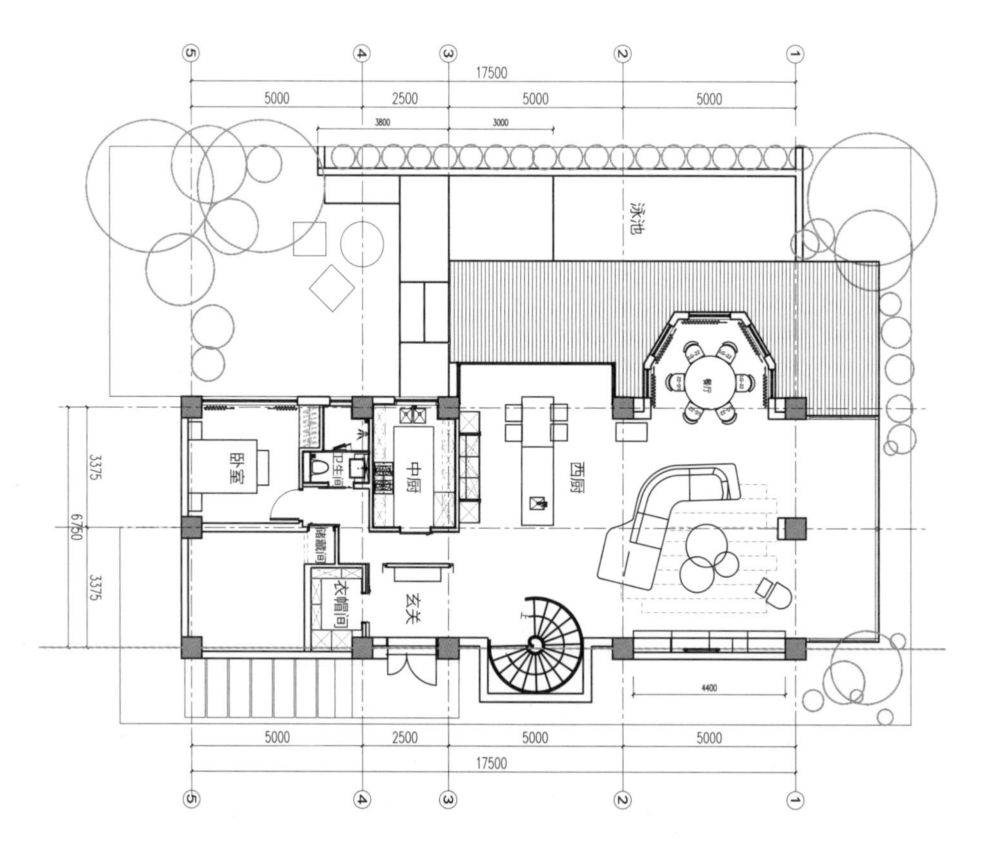

黄全家首层。

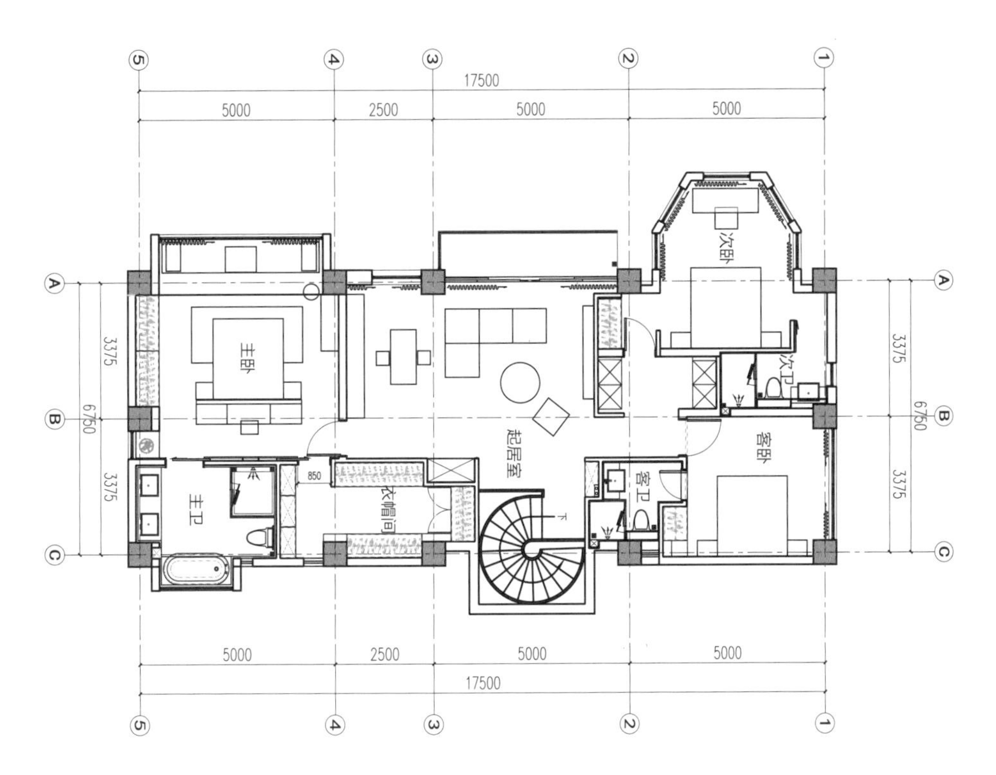

黄全家二层的平面图。

为了给空间带来通透的视觉感受，设计师运用了大量整面玻璃，绿意从屋内延伸到屋外，模糊了家与自然的界限，足不出户宛如置身森林。二楼包含主卧、儿童房和起居室，色调相比一楼更为温馨。

主卧延续了节制的灰色调，凸显艺术品和墙上画作的性格。黄全说：“家是随意的，不需要精心策划。但家又有它的逻辑，既离不开实在的功能性，也体现在细节处的关怀。

做过无数大项目，在经营小家时，黄全跨过风格的界限，忠于生活的本质，在不同家居元素的组合中构建了一个充满阳光和爱意的温馨之家。

主卧延续了节制的灰色调。

黄全 / 集艾设计总经理，项目总监。“40 under 40”
中国设计杰出青年。

13

[龚丹云 汪兴贤]

朴素之家

地址 上海市浦东新区

面积 148 平方米

规模 公寓楼平层

家庭成员 建筑师夫妇、家中长辈

“我们想把日子过成喜欢的样子，不必太讲究，只要能从紧张忙碌的生活中找到一丝愉悦的舒适就好。”

三开间除了收集建筑师自宅，其实一直还在做另一件事，叫“手绘复兴”。曾经有位建筑师不仅画城市画房子，还画萌萌的小动物，帮朋友画店铺的白墙……偶然间得知她刚装好了自己的房子，我便问她愿不愿意分享一下，看看手绘达人的家有什么特别之处。

龚丹云说她家实在平淡无奇，没有大修大改，没有玩空间变幻，没有酷炫高科技，就是一所普通的公寓，满足一家人的日常生活需求而已。

恐怕作为建筑师，当自己又是甲方又是乙方还带着预算压力的时候，便也

因为主人不喜欢任何装饰性的顶棚和线脚，家中客厅都尽力表现出棱角。

主人酷爱手绘，在细节处都有手绘的痕迹。

无法天马行空地勾画草图了，一切以维特鲁威的建筑三要素——“坚固、实用、美观” 作为标准，最好还要经济、环保、好打理。这间被她称为“朴素之家”的住宅的确没有任何装饰性的顶棚和线脚，但细节之处就能看出其实很用心地布置过，还有手绘的痕迹。

“朴素之家”是高层的低区，大部分墙体是剪力墙，所以房型并没有太大的修改。家里的固定和非固定成员需要至少三个卧室，因此四房两厅的格局被维持下来，其中一间小书房主人将来考虑做成儿童房。

设计从使用角度出发，主要增加了一些有效的收纳空间，适当减少了主卫的面积：把主卧室的入口走廊往西挪，增大了储藏室的面积，另外增加一个主卧衣柜。为了家人或朋友聚会的时候可以一起玩耍而不显局促，改造时她尽可能留出大面积的共享空间。

家中格局没有大的变动，在四室一厅的基础上尽可能地创造更多的公共区域。

入口玄关处是上下两个鞋柜，收纳全家人四季的鞋。

实在找不到合心意的电视机柜，龚丹云就去建材市场找来一块 3.5 米长、70 厘米宽的松木板（一整根圆木上裁下来直径最大的那部分），加工成合适的尺寸直接钉在墙上作为电视机柜。

因为层高近 3.2 米，想要的顶天立地的书架便只好让师傅搭建，用足足 6 厘米厚的搁板支撑整排的 A4 大小的铜版纸书籍。

电视柜上码放了主人的心爱之物。

想容纳沉甸甸的铜版纸书籍，又找不到合适的高书柜，龚丹云直接请师傅打了一个厚木隔板的书架。

餐厅的墙用了偏红的紫灰色，一是弱化了酒红色的入户门，二是暖色调能增加食欲和温馨感。

餐厅客厅连通在一起有十几米进深，特意没有放太多家具，留出了大空间，聚会的时候也显得挺宽敞。只要有小朋友来家里玩，几乎个个都喜欢趴在书架前的地板上打滚，龚丹云和先生称之为“打滚区”。

十几米进深的客厅是小朋友最爱的“打滚区”。

书房门用旧地板改造，打开的时候门板和墙融为一体。

为了使过道不至于太暗，同时从空间感受上放大仅有 9 平方米的书房，她把门洞放大到 1.6 米宽，2.4 米高。用旧地板做了两扇谷仓门挂在书房门口，完全打开的时候感觉不到有门。

“我属于那种什么花草都养不活的人，可就喜欢家里有花草，为此一直烦恼，直到发现了有干花这种美妙的东西。于是书房里摆满了干绣球，干尤加利，还有其他很多叫不出名字来的‘奇花异草’。”

书房考虑将来会用作儿童房，所以没有固定家具，所有的桌子、书架都可以挪走。某天心血来潮，她在书房的墙面上画了只呆头鸟，提前定一下儿童房的气质格调。

家中的干花。

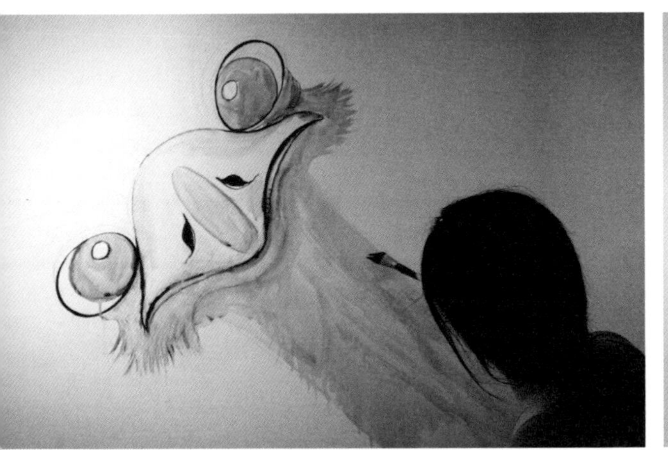

提前为儿童房预热，龚丹云在墙上画了只“呆头鸟”。

卧室的床背景，不打腻子不刷涂料，只用了旧地板铺墙，觉得睡觉的地方，越简单温馨越好。卫生间的玻璃窗有 1 米宽，内开，导致无法安装淋浴房，她干脆扯一块浴帘解决问题。

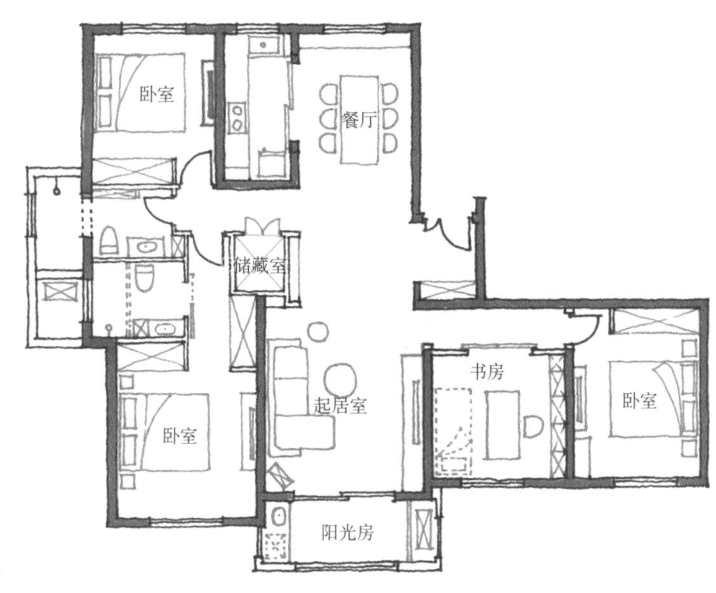

“朴素之家”平面图。

手绘达人的随心创作与手绘家当。

龚丹云说自己是一个没有理智的文具控，经常像个土财主一样，把收集的画材文具拿出来晒晒，“满足一下炫富的欲望”。

龚丹云和先生都是建筑师，分别服务于甲乙双方，平时工作接触的都是设计建造几万平方米甚至几十万平方米的高楼大厦，然而生活都是柴米油盐，琐碎而世俗。“我们想把日子过成自己喜欢的样子：不必太奢华，不用太讲究，只要能从紧张忙碌的生活里找到一丝愉悦的舒适就好。简单也是一种美。”龚丹云说。

龚丹云 /3MIX 森摩建筑设计事务所设计总监。
汪兴贤 / 保利置业集团（上海）投资有限公司设计与技术管理中心总监助理。

[姚奇炜]

混搭 LOFT

地址　上海市殷高西路

面积　105 平方米

规模　公寓

家庭成员　建筑师和爱人

总花销　20 万元

只通过软装和墙体的变化，家中就可以有想要的味道。

这个两居室的住宅是姚奇炜历时 3 个月花费 20 万元设计施工完成的。按照姚奇炜的说法，这间公寓是“以极简理念为基础，混搭 LOFT、北欧及中式风格”。

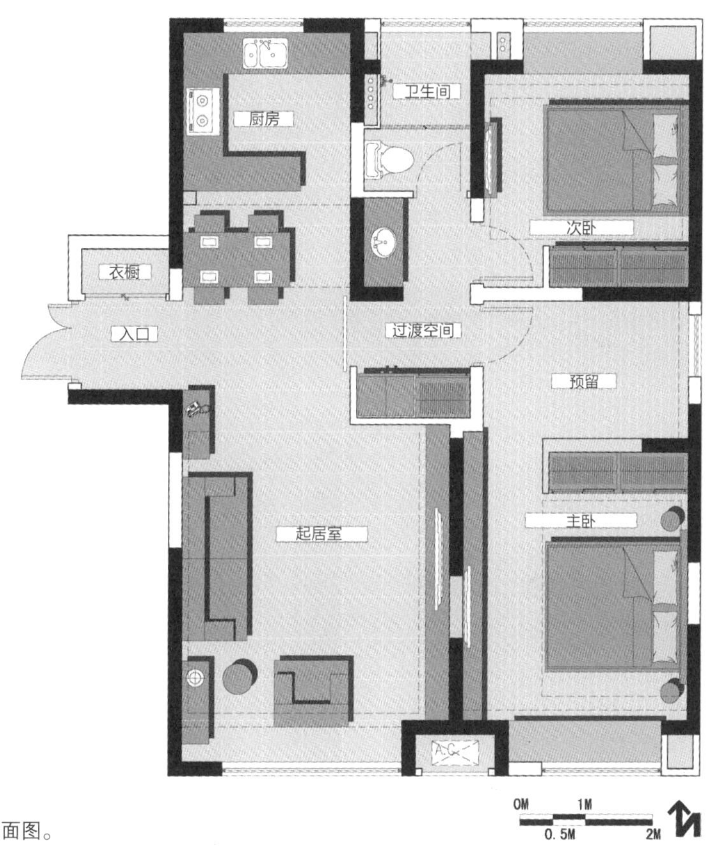

姚奇炜家的平面图和剖面图。

只通过软装和墙体的变化，姚奇炜就让整个居室舒适、实用，又不失个性。整个室内空间最大的亮点是墙面。白色的隐形柜体使其成为“墙面”的一部分，让空间简洁流畅，还保证了必要的收纳功能。把零碎的物件都收进柜体，有点“LESS IS MORE”的意思。

与白色柜体相映衬的是墙面的红砖。红砖按照而积计算需要 800 块，为了能有更好的肌理效果，姚奇炜买了 1500 块备用，施工的时候师傅只管贴，哪块砖贴到哪里都由主人一个一个定。

现在已经很少有都市家庭在家中使用红砖。容易落灰、泛旧的特点并没有阻挡大姚对红砖的热爱，他反而很欣赏红砖呈现出的时间印记。

更多家中的细节。

随着居住时间的推移，红砖会泛碱，在表面出现白色，这样的墙面不需要刻意打理就呈现出自然的变化，陪着主人一起见证时间的流逝。

住得久了，砖块上泛起的碱呈现出白色。

改造后的效果和设计师主人绘制的 SketchUp 效果图几乎一致。

以高级灰为主色调的客厅，裸露的旧红砖搭配白色柜体使对比感更加强烈。姚奇炜选用水泥色水洗亚麻布艺沙发搭配圆形茶几，使空间拉出层次。

地面采用水泥砖去衬托大面积悬浮的白色柜体及结构感极强的家具，让视觉效果达到通透且富有层次感。

厨房吊顶及部分墙面采用芥末绿涂料，让原本素雅静谧的空间增添一份活跃的气息。3（白）+1（绿）的座椅颜色搭配不仅呼应了厨房的基调色彩，也打破了空间的单一性。

家中的储物空间有限，姚奇炜就将扫把吊起作为过渡空间的对景。沙发边柜和过渡空间的谷仓门都采用老杉木进行呼应。边柜的每个抽屉拉环都不一样哦。为了保持老杉木的质感，并没有涂木蜡油。

姚奇炜家的格局几乎是大部分家庭的缩影，他也特地把家装的预算详细地列了出来供大家参考。100 平方米的房间总预算是 20 万元，铺设地暖大约花费

不同空间的门造型各异。

边柜的每个抽屉拉环都不一样。

红色砖墙之外，黑、灰、白、绿是家中的主色调。扫把也可以是家中的饰品。

1.5 万元，五匹的中央空调带上三个内机，一共是 2.5 万元，订制的装饰柜共计 4.5 万元。家中设计感强烈的家具来自家具品牌 NORHOR、BOCONCEPT、渡家具等。各种家具加起来大约 7 万元。家装里除了硬装和林林总总的软装，最大的开销其实是人工，一共花去 3 万元，其他辅料也用去了 1.5 万元。

姚奇炜 / 同济大学建筑学专业毕业，上海华都建筑规划设计有限公司国际设计部主任、主创建筑师。

15

[马希买]

爷爷的宅子

地址　　　陕西省西安市兴平镇
面积　　　428.6 平方米
规模　　　三层带有露台的独栋楼
家庭成员　建筑师的爷爷和奶奶

老宅有一道长长的楼梯，把一家人的喜怒哀乐联系在了一起。新建住宅的时候，马希买决定保留长楼梯，还有与它相关的开心的记忆。

一幢纯白色的建筑，从街上看过去还以为是日本小城镇里的住宅，但它其实位于秦岭山脉附近一座极具关中情调的兴平小镇（古称槐里）。2015 年初识这个作品的时候，马希买还是中央民族大学环境设计专业的大四学生，“梯舍”也就成了他设计生涯的第一件作品，给爷爷设计的房子。

“站在客厅通过玻璃可以看到院子里浓绿的竹林；躺在卧室享受午后的阳光，欣赏玉兰花树；下楼梯的同时享受周围的景色；孩子们不但可以在庭院里玩耍，还可以在屋顶捉迷藏。我也许就想要追寻这种看似简单的建筑氛围。”这是马希买对住宅的期许。

住宅坐落在离古都西安几公里远的县城。县城的住宅区都是以混乱的水泥独院住宅和仅剩少有的红黏土砖瓦屋顶为特色。这座建筑就坐落在这样看似拥挤混乱的住宅区里。

马希买说这栋白房子在周围的建筑中显得“突如其来”。

基地的西边朝向街道（车可以穿过）和一座基本已经废弃的煤场，北边朝向一条简陋狭窄的人行小道，其他两面均为邻居家的住宅小楼，隔墙全为合墙。家人是准备要拆掉基地上的老房子，然后建造一座新的住宅。

“我想要在周边嘈杂无章的环境中为家人找到一片安然舒适的土地。”马希买说。

梯舍的剖面图。

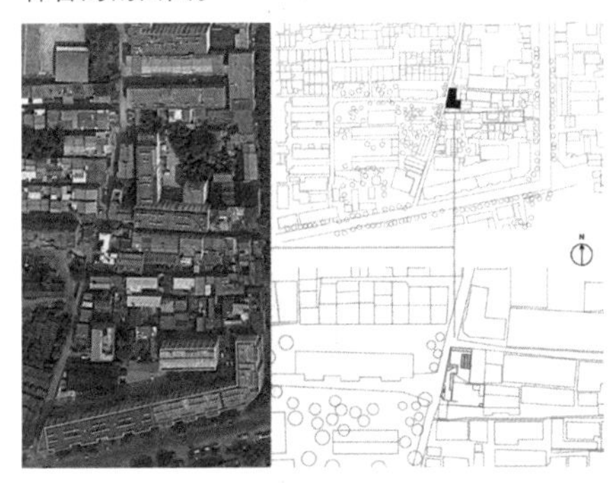

梯舍与周围环境的关系。

梯舍因一部长长的楼梯而得名，这里有设计师童年数不尽的快乐回忆。新居保留了老宅的长梯，并在此基础上加了三层楼高的巨大玻璃，把原先室外的楼梯变成更加方便实用的室内楼梯。

这座三层楼高的白色喷漆的水泥建筑，仅剩下西面恰好可以得到充足的阳光和辽阔的视野。建筑邻近街道的一侧设置了一个不大但是舒适的庭院，庭院里种植了一排竹子来隔离道路带来的噪音和部分不干净的空气，也恰好给家人带来一个安静而悠闲的室外空间，用来休闲和呼吸新鲜的空气。

建筑除了室内楼梯还有一部通往屋顶的公共楼梯，并且也可以通往各个楼层。楼梯间采用三层挑高，西面设置了一面巨大的玻璃来采光。屋顶地面采用木头铺装和屋面种植，营造一个自然并且舒适的空中花园。

出于节能考虑，整个房子采用 LED 灯光照明，既经济又安全，设计简洁。玻璃均是 LOW-E 双层钢化玻璃，避免了阳光的直射和温度的流失，解决了西晒和寒冬带来的不适。

屋顶用木材铺就，配上绿植，营造出一个自然舒适的空中花园。

白色建筑的内部设计以简洁为主，搭配经典的家具。
庭院里种植了一排竹子来隔离道路带来的噪音和部分不干净的空气。

庭院里种植的竹子给家人带来一个安静悠闲的室外空间，用来休闲并且呼吸新鲜的空气。

决定做一栋纯白色的建筑，也因为马希买的爷爷是一位传统的穆斯林，梦幻的伊斯兰文化对白色的崇拜和向往也许会使建筑更加细腻。

白色是一种既简单又复杂的颜色，它不仅展现着自己的魅力，并且还记录着时间的颜色。这素雅的白色矗立在周围混乱的建筑中，人们的眼睛在这样的环境中还可以找到些纯粹并且简单的风景。再种上几株翠竹，这种感觉棒极了。

庭院的绿植。

素雅的白色不仅展现自己的魅力，还记录着时间。

世界上没有永久崭新的建筑，建筑也逃不过时间的洗礼。被雨水冲刷过的白色虽然泛黄，虽然有了黑色的痕迹，但是马希买很喜欢这种白色对时间的表达。“这种建筑的表达更真实，建筑本身就是时间的礼物。”

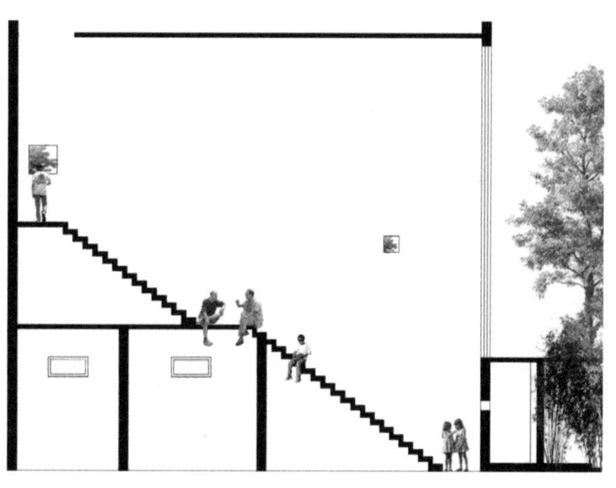

马希买对楼梯未来生活场景的设想。这里可以聊天、喝茶、赏月。

从接受爷爷的委托开始，马希买首先想到的是童年在老宅的时光，悠闲并且安然。宅子虽然旧，但是有个狭窄的庭院，因为这个庭院我们和自然紧密地联系在了一起，每天都可以感受到自然的陪伴，无论是阳光，雨水，白雪，还是星空。

那时狭窄的院子里有一部砖砌成的、略显粗糙的旧楼梯，那是一部一直通往三层的楼梯。那时马希买的个头很小，总觉得这部楼梯仿佛可以和天空对话。这部楼梯通往二层卧室、三层叔叔的家和屋顶。“我们每天都要通过这部楼梯上上下下。楼梯紧贴院墙，每当你上到一个高度，你看到的景色都不同。有时看到冷冷的墙面，有时看到邻居家的果树，有时看到远方的屋顶，它就好像是这栋建筑的灵魂一样重要。不知为什么，那时的我很喜欢在这部楼梯上玩耍，有阳光的时候常常坐在这部楼梯上画画、玩玩具。”马希买回忆。

楼梯旁边的院墙曾经被马希买用粉笔画满了各种各样的图画，也因为这个，母亲让他走上了艺术的道路。院墙的另一边就是邻居家的院子，院子里有棵无花果树，有些树枝都长了过来，到了秋天，他就常常站在楼梯上摘果子吃。冬天，

爷爷奶奶在新居居住的状态。

早晨起来，马希买都要通过这部楼梯到一层去，同时可以看见母亲清扫楼梯上的积雪。白色的积雪一层一层的，空气中还飘着零星的雪花。有时他会趁母亲没有清扫，调皮地在每层积雪上踩出不同的脚印。

“我一直在寻求建筑里的这份难得的真实。就像老宅的那部楼梯，我依然还在新的设计中呈现了它，在原封不动的位置做了一部崭新的、通往三层和屋顶花园的长楼梯。”

考虑到爷爷的出行便利，这部楼梯不能再放在室外。为了它依然可以和环境自然联系起来，马希买在这部楼梯的正面装了一面三层高的通顶玻璃，用当代的材料还原一部依然有趣、美丽的长楼梯。

每当上楼梯时都可以欣赏到玻璃外的景色，阳光依然可以全部通过玻璃洒在楼梯上，月光也是。夜晚有时还可以坐在楼梯上喝喝茶，聊聊天，享受月色。玻璃外的路人也可以看见玻璃里的事物和人物，这种间接的互动让建筑更加有生命力。这不仅是一座建筑的交通空间，更是一个场所，一个让家人体验生活，感受自然的场所。

就因为这部像建筑灵魂一样的楼梯，马希买才给这座住宅起名“梯舍”。

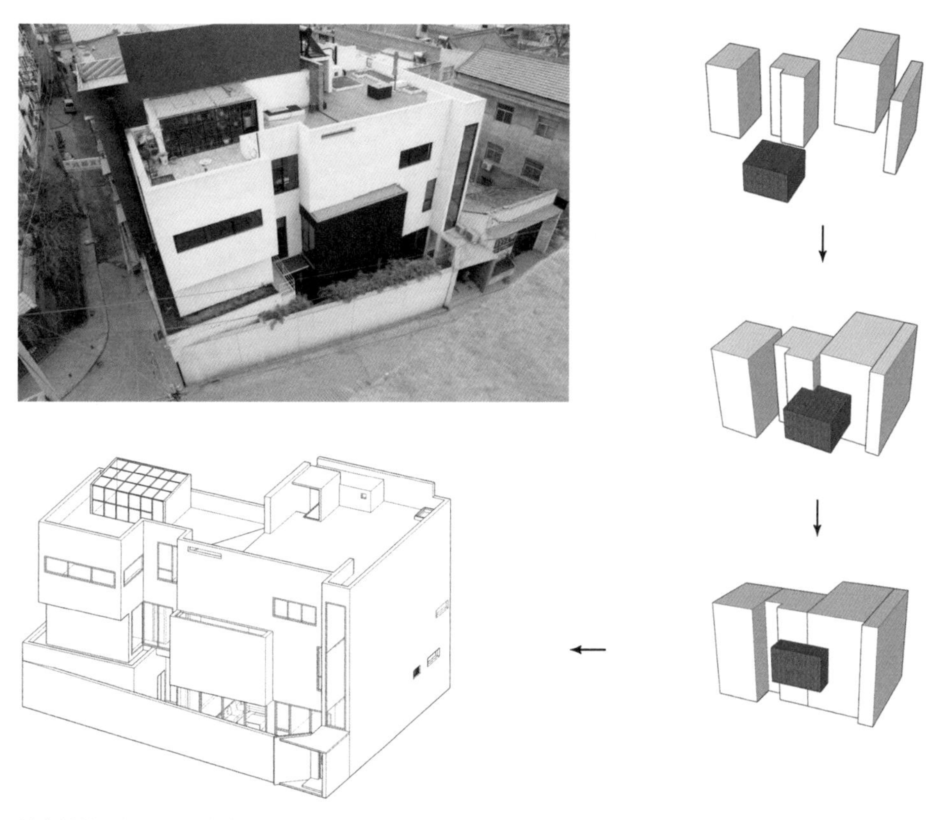

梯舍的构思模型：几个盒子的凹凸组合。

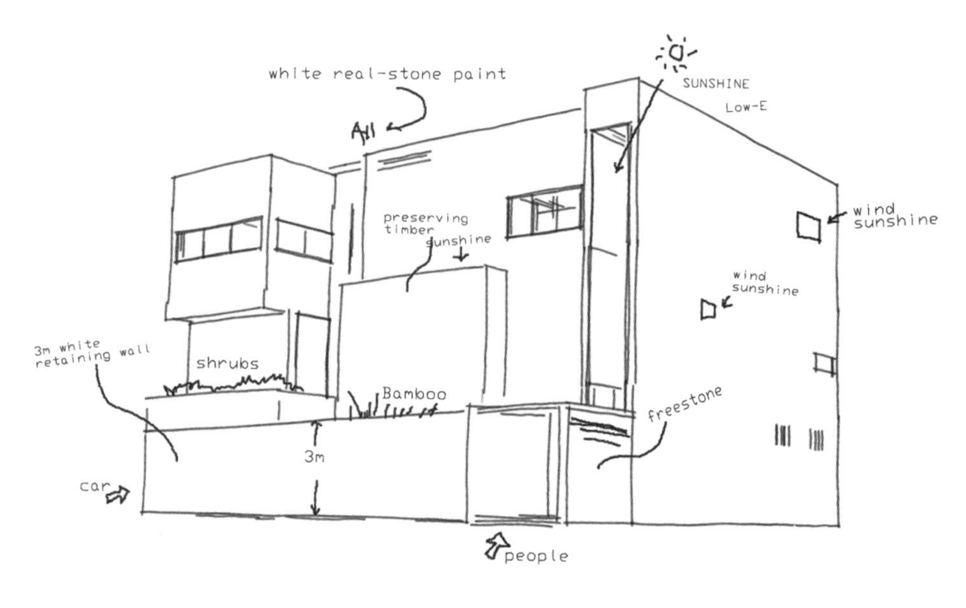

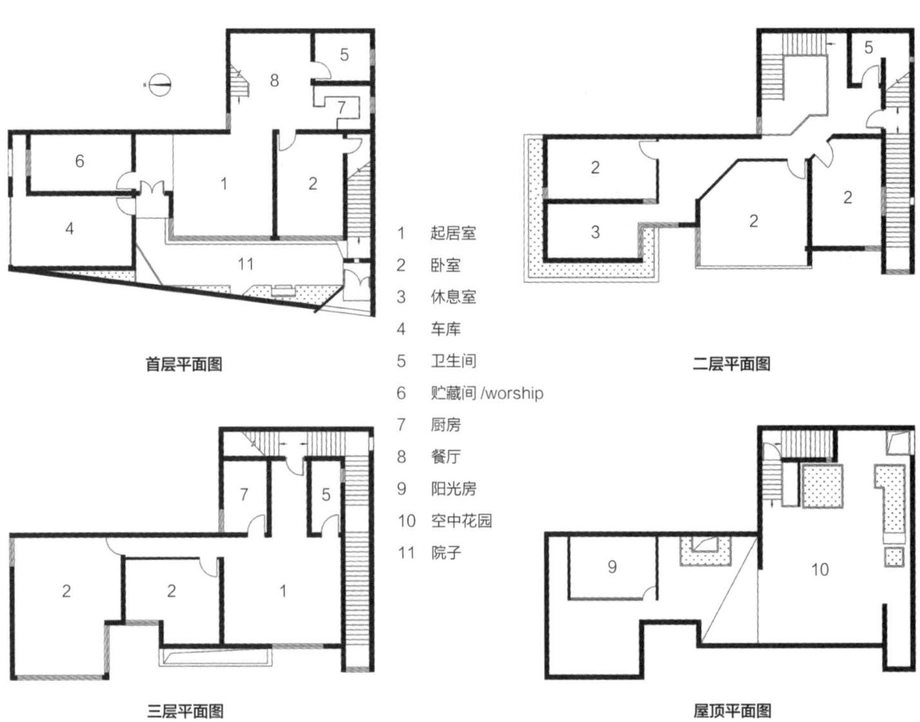

梯舍的设计草图和平面图。

马希买和工人在工地反复沟通，把控每个细节。

马希买 / 中央民族大学环境设计系毕业。现从事于旅游建筑与景观规划设计。

[彭乐乐]

宋庄临水园子

16

地址	北京市通州区宋庄
面积	589 平方米（总建筑面积）
规模	五进院落
家庭成员	自宅兼作百子甲壹工作室使用
文章作者	栗宪庭（略有删改）

百子甲壹是个“多留地少盖房”的设计作品，既关注居住者的感受，也展现了对土地的尊重。

彭乐乐的自宅兼作百子甲壹工作室的办公空间。建筑基地面积 1066 平方米，由东向西长 50 米，由南向北长 25 米。东侧临水，基地距水面高差 6 米，南北两侧相邻都是工作室、西侧是入户村级路。

北京通州宋庄有块一百亩[㊀]左右的水塘，水塘东、北、西侧围绕着艺术家的工作室，南侧是美术馆和画廊区组成的公共区域。彭乐乐的工作室兼自宅就临着这片水塘，与自然和艺术为伴。

这座建筑把“多留地少盖房”作为初衷的设计，展现了对土地的尊重。整个规划用地是1066平方米，建筑占地309平方米，约只占基地总面积的四分之一。(建筑基地由东向西长50米，由南向北长25米。东侧临水，基地距水面高差为6米，南北两侧相邻都是工作室，西侧是入户村级路。)

“百子甲壹”的大门，开在靠近基地西侧的村级路边，院落由西向东形成五“进”空间，先上后下，起伏跌宕，逐渐向水塘下跌，住宅空间将在第四“进”、第五“进”呈现。

进入大门是一个小院子，绕过花墙壁后豁然开朗，院子里有几十块田地，一派田园风光。

㊀ 1亩 = $666.\dot{6}m^2$

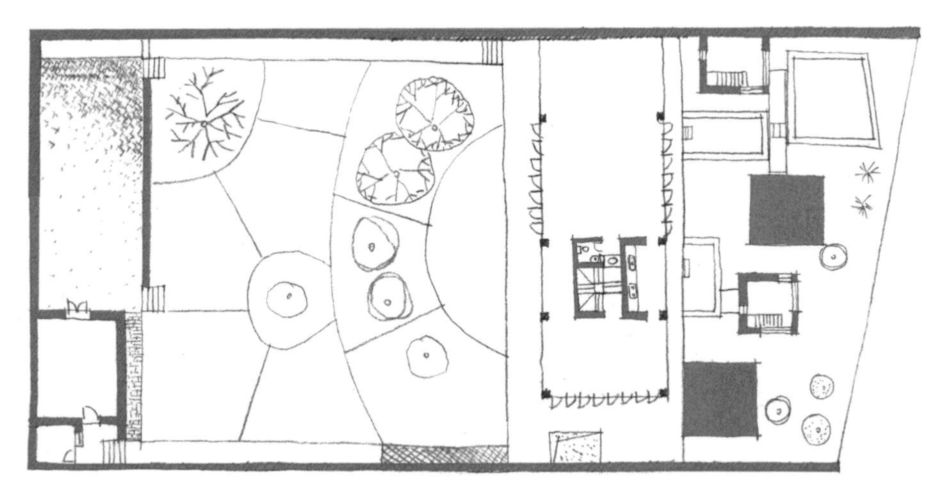

甲子百壹的平面构想五进院落。

院子里种的花卉、蔬菜、果树，五颜六色。

夜幕下伴着灯光，田垄的线条更加明显。

院子的手绘稿。

第一“进”，进入大门是一个小院子，地平面略高于门外路面，是停车、库房、锅炉房以及人员进出的缓冲空间。小院迎面是一道类似传统照壁的花墙，阻隔了人的视线。

第二“进”，人们通过花墙照壁由两侧——北侧是台阶，南侧是缓坡，无论拾阶而上，还是沿坡缓行，绕过花墙，眼前豁然开朗，居然是一派“田园风光”：整个院子以弯弯曲曲的田埂为界，划分成几十块“田地”，花卉菜蔬，五颜六色，加上林荫绰约的七棵果树，颇有一点农家意味。

透过果树的掩映，就是院子第三“进”——主建筑了，为了突出院子的开阔，有意把地上的建筑体积缩小，其余的隐藏在地下，地上部分是 25 米面宽、6.9 米进深、3 米层高的长方形工作室，屋顶挑檐和地面——即作为地下部分的屋顶挑檐，形成两条平行直线，夹在中间的是三面落地玻璃，而挑檐部分自然成为环绕建筑的一圈室外走廊。这个设计不但使得院子外的“田园风光”映照在玻璃上，由于室内顶部涂成深色，又让建筑内部向外形成一个开放的视野。尤其进入建筑内部，向东看去，俯视加广角，整个水面尽收眼底，仅仅一百亩的水塘，似乎感觉浩浩瀚瀚地向我们涌来，正如彭乐乐所说：“我想让水面漫上来，我想让水面漫到园子，想让水面漫到屋面。”这种空间的开放感，让我想到拙政园的“远香堂”，但“百子甲壹”向外借的是真正的自然景观。

最有创意的设计，是第四“进”、第五“进”的私人空间。它隐藏在“田园院子”的背后，向水塘方向下沉 3.9 米，人们只有进入工作室，或者走到东边走廊时，才可以俯视到整个私人生活区。

与工作室的整体性相对比，私人空间强调的空间小而多，五六个似乎是单体的小房子，高高低低，错错落落，并由此形成的三四个小院，也是大大小小，开开合合，似有一种江南小筑的味道。

工作室内的顶部被漆成深色，从内向外看有一个开阔的视野。

穿过田园院子和工作室，才能进入私人空间。与工作室相比，私人空间被打散成五六个彼此独立又相通的小房子，有江南小筑的味道。

为了让每一个独立“小筑”的体积更完整，设计强调单坡瓦顶的面积投影和每一个建筑体相等，四周没有挑出，只有大小头瓦直接收边。

生活区的一个小单元。

为了让每一个独立“小筑”的体积更完整，设计强调单坡瓦顶的面积投影和每一个建筑体相等，四周没有挑出，只有大小头瓦直接收边。

尤其是单坡的灰色瓦顶，选用了北方农村最常见的干槎瓦铺法，在形态上更接近水波纹，并与水面浑然一体。而水漫上来的感觉，正是通过庭院模仿波纹的小青瓦铺地、中远景真实的水纹波动与屋顶波纹在视觉上的连续“传送”造成的。

临水园子的手绘图纸。

进出私人生活区，必须经由工作室内的楼梯，这种“不方便”的设计，同时成为一个把工作室的公共性与生活空间私密性相区别的独特方式。

通过工作室的楼梯下去，就是工作室延续的地下部分，作为一个起居空间，上承工作室，下启三路独立的小型“单元”空间，而每一小型“单元”的空间既独立又相通。同时，每一组小“单元”的不同组合，既形成有开有合和变化多端的塘边小院和天井，又让每一个独立的小“单元”与相应的室外院落、水塘和天井取得内外关联。

如彭乐乐所说：“这里以独立明晰的方式来组织空间，目的是让空间界限消失，混淆室内和室外，双向融合室内和室外空间，让我们享受每一个独立空间之间的‘建筑空间’或者叫‘关系’。界限消失恰恰是靠一个一个明确的空

茶室是临水园子的核心。其余的每个房子都是砖墙直接落地，只有茶室被轻挑起来，因为在设计中茶室是“漫在水里”的。

对于小尺度的房子，和植物的关系很重要，关系可以带来体验的丰富和变化。

间来界定，消失的是内和外，上和下。当然，我们在确定的组织空间架构的前提下，还需要靠细节来实现完整。比如我自己使用的一组房子，包括卧室、卫生间、更衣室、茶室都是出于我的需要，我需要在不同的空间看到不同的外界，这样我才能够获得安慰。我要特别强调这其中的茶室，所以将茶室轻挑起来，其余的每个房子都是砖墙直接落地，只是因为在设计中茶室是'漫在水里'的，它是临水园子的核心，也可以称之为'亭子'。"

"房子除了体积之间的关系，还有房子和院子之间的关系，还有空间和家具之间的关系，还有空间和植物之间的关系，还有工作室和生活空间的关系，当然还有人和房子之间的关系。只举一个小例子，茶室旁边的那棵石榴树和茶室的位置、大小关系，不仅体现了它的茶室特征，还改变了茶室视觉上的尺度。

尤其是对于小尺度的房子，和植物的关系很重要。所有因素都在发生关系，关系带来体验的丰富和变化。而作为建筑师的我们不要把自己混杂在关系之中，只有把自己脱离出来，才能面对这个微妙关系。因此这个房子就是通过最独立的空间方式营造了没有界限的空间关系。”

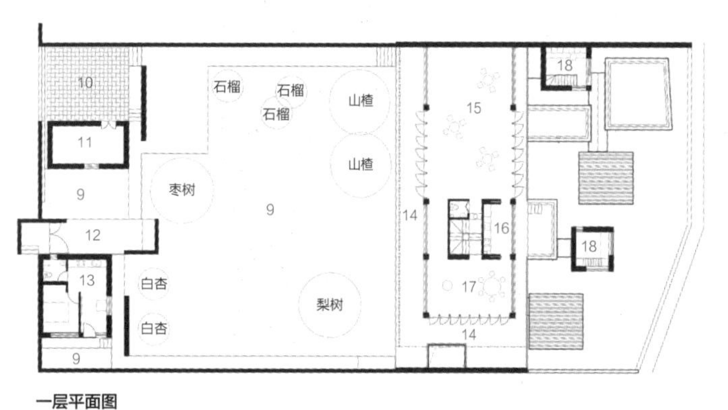

一层平面图

1 放映室
2 主卧
3 客厅
4 更衣室
5 茶室
6 次卧室
7 起居室
8 客房
9 院子
10 车库
11 工具房
12 门廊
13 工人房
14 外廊
15 工作室
16 厨房
17 餐厅
18 阁楼

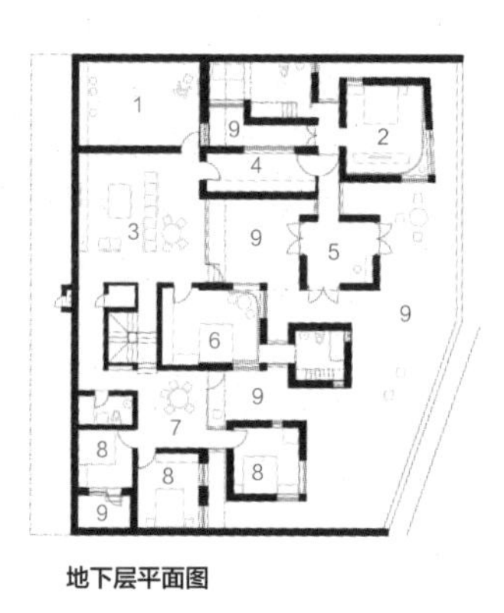

地下层平面图

临水园子的平面图。

彭乐乐 /1967 年生，1990 年毕业于南京建筑工程学院（现南京工业大学）。1990 ~ 1995 年在安庆市第二建筑设计院工作。1995 ~ 1998 年工作于北京华茂建筑设计研究院。1999 年进入张永和的“非常建筑工作室”，2001 年离开，成立百子甲壹建筑工作室。